MATEMÁTICA E LÍNGUA MATERNA

análise de uma impregnação mútua

EDITORA AFILIADA

Dados Internacionais de Catalogação na Publicação (CIP)
(Câmara Brasileira do Livro, SP, Brasil)

Machado, Nílson José
  Matemática e língua materna : análise de uma impregnação mútua / Nílson José Machado. — 6. ed. — São Paulo : Cortez, 2011.

  Bibliografia
  ISBN 978-85-249-1745-5

  1. Linguística 2. Matemática 3. Matemática — Filosofia I. Título.

11-05582   CDD-510.1

Índices para catálogo sistemático:
1. Matemática e língua   510.1

Nílson José Machado

MATEMÁTICA E LÍNGUA MATERNA

análise de uma impregnação mútua

6ª edição

MATEMÁTICA E LÍNGUA MATERNA: análise de uma impregnação mútua
Nilson José Machado

Capa: Cia. de Desenho
Revisão: Maria de Lourdes de Almeida e Solange Martins
Composição: Linea Editora Ltda.
Coordenação editorial: Danilo A. Q. Morales

Nenhuma parte desta obra pode ser reproduzida ou duplicada sem autorização expressa do autor e do editor.

© 1990 by Nílson José Machado

Direitos para esta edição
CORTEZ EDITORA
Rua Monte Alegre, 1074 – Perdizes
05014-001 – São Paulo – SP
Tel.: (11) 3864-0111   Fax: (11) 3864-4290
e-mail: cortez@cortezeditora.com.br
www.cortezeditora.com.br

Impresso no Brasil – junho de 2011

Todo presente verdadeiro é recíproco. Deus, de Quem recebemos o mundo, recebe de Suas criaturas o mundo. Que é uma dedicatória, que é esta página? Não é o dom dessa coisa entre as coisas, um livro, nem dos caracteres que o compõem, é, de algum modo mágico, o dom do inacessível tempo em que se escreveu e, o que indubitavelmente não é menos íntimo, do amanhã e do hoje. Só podemos dar o amor, do qual todas as outras coisas são símbolos.

J. L. Borges, *Nueva antología personal*

Para Marisa,
paz do meu presente, luz do meu futuro.

SUMÁRIO

APRESENTAÇÃO DA 6ª EDIÇÃO 13

CONSIDERAÇÕES INICIAIS 15

INTRODUÇÃO 19
    1. O tema 19
    2. Objetivos 22

CAPÍTULO 1 Senso comum e Matemática 29
    1.1 Bom senso e *slogans* 29
    1.2 "A Matemática é exata" 32
        — Ou Verdadeiro ou Falso 34
        — Tudo é demonstrável? 37
        — Expressão em números 41
    1.3 "A Matemática é abstrata" 47
        — O Problema dos Quatro Cartões 50
        — Abstração e Conhecimento 53
        — Os níveis de Van-Hiele 56
        — Abstração e linguagem 58
    1.4 "A capacidade para a Matemática é inata" 60
        — Capacidade e Interesse 61

— Inato, Universal, Particular 63
— Inato × Construído 65
— O caso da Matemática 68
1.5 "A Matemática justifica-se pelas aplicações práticas" 70
— Continuidade e Ruptura 72
— A Agulha de Buffon 73
— Transmutações de significados 77
1.6 "A Matemática desenvolve o raciocínio" 81
— Origens da Lógica 84
— Pensamento Oriental × Pensamento Ocidental 85
1.7 Síntese provisória: Matemática — significado e funções 90

CAPÍTULO 2 A impregnação Matemática — língua materna 95
2.1 A língua materna e a Matemática 95
— Funções da língua 96
— Códigos × Sistemas de Representação 98
— Dependência mútua 102
2.2 O oral e o escrito 105
— O prestígio da Escrita 107
— O oral em Matemática 111
2.3 A técnica e o significado 115
— Fatos básicos sobre signos 117
— Metáfora do usuário 120
— A precedência da Técnica 123
2.4 A complementaridade 125
— Unidade e Diversidade 128
— Dupla mão de direção 132
2.5 Resumo: a essencialidade da impregnação 134

CAPÍTULO 3 Da impregnação à ação 141
    3.1 Considerações gerais 141
    3.2 A Geometria 143
        — Polarização Empírico × Formal 147
        — Tetraedro Epistemológico 150
    3.3 O Cálculo 155
        — Visão panorâmica 156
        — Alternativa de abordagem 162
    3.4 Conclusão 165

BIBLIOGRAFIA 169

APÊNDICE A Matemática e a Língua Materna nos Currículos 179

ÍNDICE ONOMÁSTICO 205

APRESENTAÇÃO DA 6ª EDIÇÃO

Desde a publicação da primeira edição deste livro, há mais de vinte anos, o estudo das relações de interdependência entre a Matemática e a Língua Materna, entendida como a primeira língua que se aprende, espraiou-se por múltiplos recantos. Um indício da fecundidade do estudo de tal temática é o grande número de trabalhos apresentados em reuniões científicas nacionais e internacionais, bem como de livros publicados abordando diferentes aspectos das questões fundamentais envolvidas.

O fato crucial em exame é o contraponto entre a naturalidade com que um homem comum enfrenta as dificuldades com o aprendizado da língua nossa de cada dia e a facilidade com que acata a ideia de que a Matemática é um assunto especialmente complexo, compreensível apenas por especialistas. A falácia facilmente acatada é a de que nem todos nascem com pendores especiais para a Matemática, o que é uma verdade absoluta, extensível à Medicina, à Literatura, ou a qualquer outro tema, mas é absolutamente inexpressiva no que se refere aos objetivos da Escola Básica. As disciplinas escolares visam à formação da cidadania, como núcleo essencial da pessoalidade, e todas elas, inclusive a Matemática, devem ser acessíveis a todos os alunos. A Escola Básica não visa à formação de especialistas em qualquer área. Apenas circunstancialmente, os alunos tornar-se-ão matemáticos, ou médicos, ou jornalistas etc., em sintonia com suas indiscutíveis vocações, com seus pendores pessoais. O que não se pode é aceitar que um aluno da Escola Básica não tenha pendores para o exercício da cidadania. A mensagem principal do texto é: se ninguém se julga incompetente para aprender a própria língua, ninguém deveria julgar-se incompetente para compreender os conteúdos da matemática escolar.

A análise dos lugares-comuns associados a tal tema é o ponto de partida do presente trabalho, de onde emergem as evidências da impregnação mútua entre a Matemática e a Língua Materna. A inexistência de uma oralidade endógena, justificada no texto, faz com que a Matemática situe-se diante de uma bifurcação crucial: ou é ensinada como uma linguagem escrita sem qualquer apoio da oralidade, ou se apoia continuamente na oralidade da Língua Materna, o que já prenuncia uma impregnação essencial. No primeiro caso, as dificuldades com o ensino seriam naturais até mesmo com a Língua Materna, que não dispensa o suporte da oralidade, senão em casos excepcionais.

Ainda que alguns exemplos específicos sejam abordados na parte final do trabalho, o texto não tem uma natureza técnica, nem é dedicado apenas a especialistas. Nele, a Matemática é tratada de modo acessível a interessados em questões do ensino básico, no âmbito do exercício da plena cidadania.

Nesta 6ª edição, um apêndice que trata das relações entre a Matemática e a Língua Materna na constituição dos currículos escolares foi acrescido ao texto, com o objetivo de explicitar as profundas relações entre as temáticas tratadas no corpo do trabalho e as ações específicas tendo em vista o enfrentamento das dificuldades com o ensino da Matemática. Nesse apêndice, destaca-se ainda o paralelismo sugerido entre os papéis que desempenham a Matemática e os Contos de Fadas na formação das crianças das séries iniciais.

São Paulo, abril de 2011
Nílson José Machado
www.nilsonjosemachado.net

CONSIDERAÇÕES INICIAIS

Em sua origem, este trabalho poderia caracterizar-se como um esforço de investigação sobre a possibilidade de se ensinar Matemática, desde as séries iniciais, a partir de uma mediação intrínseca da Língua Materna, entendida como a primeira língua que aprendemos. A hipótese básica era a de que a Língua Materna deveria participar efetivamente dos processos de ensino de Matemática, não apenas tornando possível a leitura dos enunciados, mas sobretudo como fonte alimentadora na construção dos conceitos, na apreensão das estruturas lógicas da argumentação, na elaboração da própria linguagem matemática.

Na verdade, a questão da linguagem já ocupava o centro de nossas atenções desde as conclusões arroladas ao final de um trabalho anterior (*Matemática e realidade*, Cortez, São Paulo, 1987), em que apontamos para um foco de onde "se originam as maiores dificuldades relativas ao ensino (de Matemática) e que exige reflexões mais profundas e análises mais pormenorizadas que poderiam caracterizar novos trabalhos" (p. 97).

Tal foco seria o seguinte:

> a Matemática tem sido ensinada em quase todos os níveis com uma ênfase que consideramos exagerada na linguagem matemática. A preocupação central parece ser escrever corretamente (...) o pensamento situa-se a reboque da linguagem matemática (...) as preocupações sintáticas predominam sobre as semânticas, ou quase as eliminam, enquanto que as considerações pragmáticas limitam-se às de ordem psicológica (p. 97-100).

Ao iniciarmos esta nova etapa, no entanto, a análise da mediação intrínseca da Língua Materna conduziu naturalmente a uma questão anterior, que é a da explicitação da função da Matemática no currículo da escola básica. Até que ponto tal função é similar à da Língua Materna? Qual a especificidade da função da Matemática? Não seria justamente da falta de clareza em tal questão que decorreriam as dificuldades mais frequentes com o ensino de Matemática?

A partir daí, paulatinamente, aproximamo-nos do tema que viria a se tornar o centro de gravidade do trabalho a ser desenvolvido, qual seja, a impregnação mútua entre a Língua e a Matemática.

Assim, em sua formulação final, nossa aposta pode ser resumida da seguinte maneira:

Entre a Matemática e a Língua Materna existe uma relação de impregnação mútua. Ao considerarem-se estes dois temas enquanto componentes curriculares, tal impregnação se revela através de um paralelismo nas funções que desempenham, uma complementaridade nas metas que perseguem, uma imbricação nas questões básicas relativas ao ensino de ambas. É necessário reconhecer a essencialidade dessa impregnação e tê-la como fundamento para a proposição de ações que visem à superação das dificuldades com o ensino de Matemática.

No que se segue, argumentaremos de modo a explicitar e justificar cada uma das afirmações contidas no resumo acima.

Toda linguagem tem por constituição o valor de denominador comum.

> G. Gusdorf, 1977, p. 86.

O matemático — filiação da qual talvez não esteja orgulhoso — é filho do vernacular.

> J. A. Miller, 1987, p. 72.

INTRODUÇÃO

1. O tema

> Para nós, a aproximação entre a língua e as matemáticas pode ter somente o caráter de uma confrontação.
>
> O. Ducrot, 1981, p. 53.

Em todos os países, independentemente de raças, credos ou sistemas políticos, a Matemática faz parte dos currículos desde os primeiros anos de escolaridade, ao lado da Língua Materna. Há um razoável consenso com relação ao fato de que ninguém pode prescindir completamente de Matemática e, sem ela, é como se alfabetização não se tivesse completado.

Há, porém, um fato notável de natureza surpreendente: mesmo no tempo em que se dizia que as pessoas iam à escola para aprender a "ler, escrever e contar", o ensino de Matemática e o da Língua Materna nunca se articularam para uma ação conjunta, nunca explicitaram senão relações triviais de interdependência. É como se as duas disciplinas, apesar da longa convivência sob o mesmo teto — a escola —, permanecessem estranhas uma à outra, cada uma tentando realizar sua tarefa isoladamente ou restringindo ao mínimo as possibilidades de interações intencionais.

Quando se observa que os elementos constituintes dos dois sistemas fundamentais para a representação da realidade — o alfabeto e os números — são apreendidos conjuntamente pelas pessoas em geral, mesmo antes de chegarem à escola, sem distinções rígidas de fronteiras entre disciplinas ou entre aspectos qualitativos e quantitativos da realidade, tal ausência de interação causa estranheza.

Naturalmente, mesmo as tentativas mais singelas de iniciação à Matemática pressupõem um conhecimento da Língua Materna, ao menos em sua forma oral, o que é essencial para a compreensão do significado dos objetos envolvidos ou das instruções para a ação sobre eles. Tal dependência da Matemática em relação à Língua Materna não passa, no entanto, de uma trivialidade, com a agravante de ser inespecífica, uma vez que se aplica igualmente a qualquer outro assunto que se pretenda ensinar.

Por outro lado, partindo do fato de que a Língua Materna é imprecisa, frequentemente de caráter polissêmico, é comum pretender-se que a Matemática represente para a Ciência o papel de uma linguagem precisa, monossêmica, depurada de ambiguidades. Assim, a aprendizagem da Matemática não viria simplesmente a reboque da Língua Materna, mas constituiria, em certo sentido, uma superação dessa linguagem. A insuficiência para a Ciência tornaria a Língua Materna dependente da Matemática em questões relativas a aspectos quantitativos da realidade ou que demandem precisão terminológica. Vista desta forma, a relação que se estabelece entre os dois aprendizados apresenta-se excessivamente simplificada e apenas tangencia o cerne do problema da interação entre as duas disciplinas. Na verdade, dizer-se que a sombra depende da luz pouco contribui para a compreensão do real significado de uma e de outra: saber lidar com o claro e o escuro na construção de uma imagem é o que efetivamente importa, e o excesso de luz pode ter o mesmo efeito que a obscuridade. Existem, no entanto, fecundas relações de interdependência entre essas duas disciplinas, que carecem de uma exploração consequente, tendo em vista o ensino de ambas.

Quando se investigam, por exemplo, as enredadas relações entre o pensamento e a linguagem encontram-se evidências de como é vã a expectativa de relações simplistas de interdependência, como são as que pretendem situar um dos elementos do par a reboque do outro. Parece não haver dúvidas sobre a existência e a complexidade de conexões mais significativas, como são as que se podem estabelecer entre o aparecimento da linguagem escrita e as primeiras tentativas de codificação da lógica.

De fato, no caso das línguas ocidentais, a estrutura sujeito-verbo-predicado das frases pode ser diretamente relacionada com a lei da identidade, o conceito de substância e a noção de causalidade, que são categorias básicas do pensamento ocidental, fundado inteiramente na lógica formal aristotélica. Já no caso da língua chinesa, em cujas frases nem mesmo o verbo é essencial, a lógica subjacente é fundada em analogias, em raciocínios relacionais que prescindem da noção da causalidade.[1] Em decorrência disso, a Ciência, a Matemática e, em especial, a Geometria desenvolveram-se no Oriente e no Ocidente de modos significativamente distintos. No que diz respeito à Geometria, tais diferenças serão examinadas ao longo deste trabalho, quando se buscará explicitar as relações entre as referidas diferenças e as características básicas do pensamento oriental e ocidental, estas relacionadas com as estruturas das línguas chinesa e grega, respectivamente.

Ora, não há proposta de currículo para a Matemática na escola básica que exclua o desenvolvimento do raciocínio lógico da lista de suas metas precípuas. Pelo contrário, muitas vezes a associação entre o ensino de Matemática e o desenvolvimento do raciocínio é admitida automaticamente, ocupando uma posição central no discurso sobre as razões que justificam a presença dessa disciplina no currículo. Em consequência, a Matemática passa a parecer, embora seguramente não o seja, a fonte primária para o desenvolvimento da lógica ou mesmo condição *sine qua non* para o tirocínio do raciocínio. Se se reivindicassem para a Língua Materna tais características, haveria mais plausibilidade na pretensão. A questão fundamental, no entanto, não é a da precedência ou da preponderância, mas sim, a de uma articulação consistente entre a Língua Materna e a Matemática, tendo em vista o desenvolvimento do raciocínio.

Apesar de cultivarem searas tão próximas, com sementes e raízes tão similares, o que se percebe no nível do senso comum é uma ênfase nos aspectos que separam as duas disciplinas, em detrimento, ao que tudo indica, sobretudo da Matemática. De fato, embora entre os indivíduos em geral sejam parcas as possibilidades de distinção de duas classes exaustivas e mutuamente exclusivas — a dos que se sentem e a dos que não se sentem capazes de aprender a Língua Materna, mesmo em sua forma

---

1. Em Campos, 1977, especialmente às páginas 246 e 247 encontram-se referências mais pormenorizadas.

escrita, nas atividades escolares são notórias as grandes possibilidades de se operar tal distinção no que diz respeito à Matemática.

É certo que a Matemática apresenta dificuldades específicas — assim como qualquer outro assunto. Tais dificuldades, no entanto, não parecem suficientes para justificar tanta nitidez na diferenciação das pessoas no que se refere à postura diante da aprendizagem, tão natural no caso da Língua Materna e tão discriminadora no caso da Matemática. A julgar pelas raízes, as disciplinas em questão deveriam apresentar muito menos dissonâncias do que as costumeiras, em questões de ensino.

A carapuça de assunto árido, especialmente difícil, destinado à compreensão de poucos, não se adequa à Língua Materna de uma maneira geral, mas ajusta-se perfeitamente à Matemática. Isso, no entanto, não se deve a razões essenciais, endógenas, mas a abordagens inadequadas, tão frequentemente utilizadas nos conteúdos matemáticos que, aos menos avisados, parecem moldar-lhes as feições. É o que ocorre, por exemplo, quando a Matemática é tratada como uma linguagem em que a hipertrofia da dimensão sintática obscurece indevidamente o papel da semântica, que é deixada em segundo plano. Quando, *mutatis mutandis*, no ensino da Língua Materna são utilizadas abordagens similares, com as regras gramaticais ocupando o centro das atenções, dificuldades idênticas às encontradas com a Matemática não tardam a aparecer, conforme se pretende mostrar ao longo deste trabalho.

2. Objetivos

> De sua experiência na escola a criança adquirirá a informação de que "não é bom para as matemáticas", de que a boa literatura é enfadonha; de que a razão está sempre com a maioria, de que as autoridades inquestionavelmente estão certas...
>
> John Passmore, 1983, p. 77.

Três são os objetivos principais deste trabalho.

O primeiro é esclarecer as razões da inclusão da Matemática nos currículos escolares, revelando sua especificidade na construção do conhecimento, na formação dos indivíduos, levando em consideração aspectos como o de continuidade em relação ao cotidiano e o de ruptura em relação ao senso comum.

A quase totalidade dos trabalhos sobre o ensino dessa disciplina trata de conteúdos específicos estreitamente delimitados, ou de metodologias especiais para abordá-los. Permanecem ao largo, como se fossem claras para todos, as razões pelas quais se ensina Matemática nas escolas, ou então a referência a elas é feita de forma tão difusa que não é possível captar-se a real especificidade da disciplina em questão. Como somente uma percepção clara dessas razões pode possibilitar ao professor um desempenho satisfatório de suas tarefas, esse primeiro objetivo parece-nos de importância fundamental.

Apesar de existir a mesma falta de clareza nas finalidades do ensino de quase todas as disciplinas, tal esclarecimento mostra-se especialmente relevante no caso das duas disciplinas básicas na composição curricular, como são a Língua Materna e a Matemática, porque elas têm valor instrumental e constituem condição de possibilidade do conhecimento em qualquer assunto para o qual a atenção é dirigida. Assim, os reflexos dessa falta de clareza são facilmente irradiados, sendo conduzidos, como uma seiva, a todos os ramos do conhecimento.

Ao fixar este primeiro objetivo, enfatizamos ainda que, na perspectiva deste trabalho, o ensino de Matemática será analisado de um ponto de vista macroscópico: o objeto não serão retalhos de conteúdos específicos, mas a totalidade do conteúdo matemático proposto para ser ensinado nas escolas. Da mesma forma, não estarão no centro das atenções microssituações de ensino, onde a psicologia da aprendizagem tende a desempenhar um papel determinante. Nosso suporte será a análise dos pressupostos filosóficos que orientam globalmente a ação docente, conscientemente ou não, sem cuja compreensão poucas são as possibilidades de mudanças que transcendam significativamente situações localizadas ou de caráter individual.

Para perseguir este primeiro objetivo, o ponto de partida será a análise de certos estereótipos amplamente difundidos entre leigos e especialistas sobre a natureza da Matemática e das razões do seu ensino. Tais noções estão, em geral, solidamente fundadas no senso comum e têm aparência tão natural que, às vezes, contestá-las soa como puro contrassenso. São exemplos disso proposições como as que seguem:

"A Matemática é exata".

"A Matemática é abstrata".

"A capacidade para a Matemática é inata".

"A Matemática justifica-se pelas aplicações práticas".

"A Matemática desenvolve o raciocínio".

Apesar do caráter putativo destas proposições, elas instalam-se como verdadeiros dogmas e frequentemente são emitidas opiniões categóricas em questões de ensino tendo como suporte premissas dessa estirpe. Entrelaçadas, elas acabam por constituir uma bem tecida rede que distorce a visão da Matemática para pessoas em geral, dificultando uma ação pedagógica fecunda. Não são raras as referências à Matemática feitas por indivíduos notáveis, que aparentemente endossam noções como as referidas acima e contribuem para sua aceitação acrítica. Não é senão desse prisma que se podem analisar afirmações como as que seguem:

"É uma observação comum dizer que uma ciência começa a ser exata quando é tratada quantitativamente. As que são chamadas exatas nada mais são do que as ciências matemáticas" (Peirce, C. S., 1980, p. 143).

"O princípio criador reside na Matemática; sua certeza é absoluta, enquanto se trata da Matemática abstrata mas diminui na razão direta de sua concretização" (Einstein, A., apud Monteiro, 1985, p. 51).

"A correção absoluta só se consegue para lá da linguagem natural, na Matemática" (Vygotsky, L. S., 1979, p. 168).

"A natureza das coisas é perfeitamente indiferente; seja ela qual for, é sempre exato que dois mais dois são quatro (...) É por isto que se diz que a Matemática é uma ciência abstrata" (Whitehead, A. N., s.d., p. 7).

"Está praticamente fora de questão que eu escreva artigos. A única ocupação que me permite conservar a necessária paz de espírito é a Matemática" (Marx, K., 1975, p. 22).

"Tenho capacidade e talentos muito restritos. Nenhum para as Ciências Naturais, nenhum para a Matemática, nada para as coisas quantitativas" (Freud, S., apud Jones, 1979, p. 550).

"Ah, prometo àqueles meus professores desiludidos que na próxima vida eu vou ser um grande matemático. Porque a Matemática é o único pensamento sem dor" (Quintana, M., 1986, p. 49).

"Não há ramo da Matemática, por abstrato que seja, que não possa um dia vir a ser aplicado aos fenômenos do mundo real" (Lobachevsky, apud Boyer, 1974, p. 387).

"A arte elementar do raciocínio decisivo (...) só a Matemática pode convenientemente desenvolver" (Comte, A., 1976, p. 124).

A despeito do indiscutível verniz de veracidade, é necessário examinar criticamente considerações como essas. Sua aceitação sem restrições está na origem de diversos problemas enfrentados por professores e alunos em situações de ensino. A ruptura dessa rede de noções preconcebidas, algumas com características de meras ficções, é o primeiro passo a ser dado no sentido de viabilizar propostas de ações ao ensino de Matemática. Através dela, o significado e a função da Matemática nos currículos se delinearão com mais clareza. Tal é o percurso do Capítulo 1.

O segundo objetivo deste trabalho, a ser perseguido ao longo do Capítulo 2, é a caracterização de um fato que consideramos fundamental, utilizando elementos fornecidos pela própria análise crítica desenvolvida no capítulo anterior: entre a Matemática e a Língua Materna existe um paralelismo nas funções que desempenham nos currículos, uma complementaridade nas metas que perseguem, uma imbricação nas questões básicas relativas ao ensino de ambas. A impregnação mútua entre as duas disciplinas, caracterizada pelo paralelismo, pela complementaridade e pela imbricação citados reveste-se de uma essencialidade tal que quaisquer ações que visem à superação das dificuldades com o ensino de Matemática devem partir dela ou não poderão aspirar a transformações radicais na situação vigente.

O terceiro objetivo pretendido é a explicitação de formas de abordagem dos conteúdos matemáticos usualmente tratados nos currículos escolares, que revelem a impregnação entre a Matemática e a Língua Materna e utilizem-na consistentemente no sentido da superação de certas dificuldades que renitem quando se trata do ensino da Matemática.

Naturalmente, não se tratará aqui da elaboração de uma nova proposta curricular; isso não seria compatível com os limites de um só indivíduo, independentemente de quaisquer qualificações pessoais. Também não se tratará aqui da análise de todos os conteúdos matemáticos constantes de um determinado currículo; isso não seria tarefa compatível com os limites de um só trabalho, independentemente de quaisquer pretensões de abrangência. Na verdade, ao tratar do ensino básico, certas questões decisivas têm-se revelado imunes a transformações curriculares de diferentes características, não obstante as alterações nas listas de conteúdos ou de indicações metodológicas para seu tratamento. No caso específico da Matemática, as listas de conteúdo pouco têm variado ao longo do tempo e de diversas propostas de reformulação. No entanto, o conteúdo a ser tratado na escola básica é apenas um veículo para o desenvolvimento das ideias fundamentais de cada disciplina, que devem ser convenientemente articuladas tendo em vista as funções a serem desempenhadas no currículo. É a forma de abordagem dos diferentes assuntos que distingue diferentes propostas, dando-lhes cor e substância. Assim, ora a ênfase se dá aos aspectos formais, ora aos aspectos prático-utilitários, ora aos aspectos lúdicos etc., existindo certa contaminação dos diferentes assuntos no que diz respeito à abordagem.

Na perseguição ao terceiro objetivo proposto, que se desenvolverá ao longo do Capítulo 3, a busca da explicitação da forma de abordagem terá como veículos sobretudo dois temas, considerados exemplares: a Geometria (referente ao ensino Fundamental e ao Médio) e o Cálculo Diferencial e Integral (referente ao ensino Superior). No caso da Geometria, um assunto muito menos ensinado nas escolas do que seria possível supor a partir dos programas oficiais, o intento é fundamentar a seguinte afirmação de Renê Thom (1971, p. 698): "A Geometria é um natural e possivelmente insubstituível intermediário entre a linguagem ordinária e o formalismo matemático".

A despeito desse fato, tal assunto tem sido tratado sistematicamente como se o centro das atenções devesse estar na manipulação de objetos concretos ou em aplicações práticas relacionadas com construções, áreas e volumes. Ou, ainda, como se o seu ensino devesse visar à realização de exercícios de lógica, relacionados com a aprendizagem de demonstrações formais. Conforme veremos, tais pontos de vista anuviam meios e fins de um processo, confundindo o remédio com o alimento.

Quanto ao Cálculo, ainda que sua aparência atual possa sugerir tratar-se de assunto de natureza técnica ou destinado a especialistas, pretende-se pôr em evidência seu significado verdadeiramente enciclopédico, que envolve, desde os primórdios, questões epistemológicas fundamentais. Assim, desde o estudo das grandezas diretamente proporcionais, das taxas de variação, da noção de velocidade, até a questão da aproximação de curvas por retas, de fenômenos não lineares por descrições lineares etc., em quase todos os temas o Cálculo revela-se impregnado de modelos analógicos, de metáforas às vezes de aparência ingênua, mas que se transformam, a cada dia, em paradigmas confiáveis para a compreensão de problemas anteriormente restritos apenas à especulação filosófica.

A escolha dos dois temas exemplares — a Geometria e o Cálculo —, apesar de parecer circunstancial ou ter um caráter *ad hoc* em razão de eventuais experiências pessoais relativas aos temas, não decorreu disso, mas, sim, de certas características relevantes associadas aos mesmos.

Não parece obra do acaso o fato de que é justamente na Topologia, que se poderia classificar, *grosso modo*, como um terreno comum à Geometria e ao Cálculo, que se encontram algumas das revelações mais insignes e promissoras da impregnação Matemática × Língua Materna, notadamente no que se refere à Linguística e à Psicanálise.[2] A análise da intrusão da intuição geométrica, associada aos instrumentos do Cálculo, na compreensão dos problemas colocados pela estrutura lógico-sintático-semântica das línguas naturais atestaria, segundo Petitot (1985, p. 11), "uma solidariedade entre os diferentes níveis do campo simbólico cuja compreensão é suscetível de transformar de modo notável a nossa concepção das relações que ligam a matemática, a língua e a realidade".

Adentrar em tais searas, no entanto, ultrapassaria em muito os limites de abrangência fixados para este trabalho. Algumas considerações sobre o

---

2. Referências mais completas podem ser encontradas em Thom (1974, particularmente nos Capítulos VIII e X) assim como em Soury (1984).

tema, a serem amadurecidas para que se tornem tempestivas, terão lugar ao final do trabalho, como simples registro de eventuais conjecturas.

Finalmente, embora todas as questões tratadas, desde o início, tenham-se originado em situações vivenciadas em função de uma contínua prática docente e tenham como finalidade última o retorno até ela, buscar-se-á estruturar em uma síntese as consequências para o ensino de Matemática das questões alinhavadas ao longo do texto. De fato, com relação a esta impregnação essencial que se pretendeu caracterizar, a grande e desafiadora questão é a de como articular os elementos apontados tendo em vista uma operacionalização eficaz. Porque, seguramente, não basta um acordo no nível do discurso para que as dificuldades com o ensino de Matemática sejam superadas; há que se combatê-las na ação concreta. De pouco adianta concordar com Petitot (1985, p. 19) quando afirma: "A grande consequência desta afinidade das matemáticas modernas com uma língua natural poderia ser a de romper a aliança histórica da matemática com as ciências exatas (...) passando a infletir a sua finalidade com vista a uma refundição das relações com a realidade", se não se munir o professor de instrumentos para a modificação de sua prática pedagógica.

Fixadas as metas, com o vislumbre do caminho a seguir, resta pôr-se em marcha, com a expectativa de que, ao final do percurso, descortinem-se condições efetivas para que a aprendizagem de Matemática possa ser encarada de modo tão natural quanto a da Língua Materna.

CAPÍTULO 1

SENSO COMUM E MATEMÁTICA

*En mi soledad
He visto cosas muy claras
Que no son verdad.*

A. Machado, 1979, p. 359.

1.1 Bom senso e *slogans*

> O bom senso é a coisa do mundo melhor partilhada, pois cada qual pensa estar tão bem provido dele, que mesmo os que são mais difíceis de contentar em qualquer outra coisa não costumam desejar tê-lo mais do que o têm.
>
> R. Descartes, 1979, p. 29.

Mesmo o mais convicto anticartesiano há de concordar com a pertinência e a perspicácia da observação feita por Descartes no parágrafo inicial de o *Discurso do Método*, citado em epígrafe. Apesar de suas considerações terem caráter geral, elas se adequam perfeitamente ao caso específico do repertório de noções do senso comum a respeito da Matemática.

De fato, nesse terreno certas concepções parecem tão firmemente estabelecidas que são admitidas como verdadeiras apenas à luz do bom senso, sem uma análise crítica mais apurada. Isso não constituiria problema algum não fora o fato de pressupostos desse tipo servirem de base para toda a sorte de ilações relativas a questões de ensino, determinando posturas e orientando a ação pedagógica em função das características que são associadas à Matemática. Para ilustrar o fenômeno que se pretende examinar, consideremos as supostas proposições:

"A Matemática é exata".

"A Matemática é abstrata".

"A capacidade para a Matemática é inata".

"A Matemática justifica-se pelas aplicações práticas".

"A Matemática desenvolve o raciocínio".

Mesmo sem características de inferências, algumas de suas irradiações provocam sensíveis interferências de cunho pedagógico, a saber:
- outros setores do conhecimento não são exatos;
- a Matemática não comporta resultados aproximados;
- lidar com abstrações é uma característica exclusiva da Matemática;
- é possível um conhecimento sem abstrações;
- é natural que grande parte das pessoas encontre dificuldades em Matemática;
- só a Matemática desenvolve o raciocínio;
- só deve ser ensinado o que comporta aplicações práticas.

É possível argumentar de modo a refutar todas as afirmações acima — e isso será feito mais adiante. Antes, ressaltemos, porém, que frases como as citadas dificilmente poderiam ser consideradas proposições no sentido estrito da lógica formal clássica, a menos que noções como as de exatidão, abstração etc. tenham caracterizações tão estreitas que se distanciariam inaceitavelmente dos significados presentes no senso comum. De fato, não faz sequer sentido a classificação de cada uma delas em verdadeira ou falsa, condição necessária para o ingresso no vestíbulo da lógica clássica, em cujos rudimentos se escora o senso comum.

Na verdade, em seu uso ordinário, as referidas frases assemelham-se muito mais a *slogans* do que a proposições, e é nessa classe de enunciados que se deve examiná-las. Sobre a utilização de *slogans* com finalidades educacionais, é possível reconhecer sua importância, na medida em que, segundo Scheffler (1974, p. 46), "proporcionam símbolos que unificam as ideias e atitudes chaves dos movimentos educacionais". No entanto, se a força de um *slogan* reside em sua capacidade de síntese, no que subentende, insinua, sugere implicitamente, estando seu centro de gravidade muito mais próximo das conotações do que das denotações que evoca, sua fraqueza revela-se essencialmente na razão direta de sua interpretação literal, de sua consideração como uma proposição em sentido estrito. Como se sabe, frases como: "Mãe é mãe", "Isso é o que é" ou "É proibido proibir", em sentido literal reduzem-se a tautologias ou carecem de sentido. No entanto, cada uma delas tem um significado global que transcende a interpretação estrita e desempenha, em determinadas situações, um papel relevante, enquanto símbolo unificante de um conjunto articulado de ideias.

Parece claro, portanto, que não é possível defender um *slogan* a partir da análise de seus termos constituintes, mas sim a partir da visão sintética que evoca. Entretanto, é muito frequente que, com a sedimentação no nível do senso comum dos movimentos de ideias dos quais os *slogans* são símbolos unificantes, eles sejam interpretados de modo analítico, tanto pelos aderentes como pelos críticos, e sejam utilizados como proposições, na constituição de argumentos e não apenas como polos aglutinadores.

Tal é o caso que se apresenta com a interpretação das frases sobre a Matemática, referidas inicialmente. Assim sendo, como "ninguém defenderá o seu *slogan* favorito como uma estipulação útil ou como um reflexo exato das significações dos seus termos constituintes" (Scheffler, 1974, p. 46), resulta que "é ocioso, portanto, criticar um *slogan* por inadequação formal ou por inexatidão na transcrição do uso", e em consequência "torna-se importante avaliar o *slogan* ao mesmo tempo enquanto uma asserção direta e enquanto símbolo de um movimento social prático, sem contudo confundir uma coisa com a outra" (Scheffler, 1974, p. 47).

Vamos, agora, examinar as supostas proposições a respeito da Matemática desse duplo ponto de vista. Notaremos que, embora aceitáveis num primeiro momento enquanto símbolos, quando são analisadas como asserções diretas, elas podem resultar contestáveis. Mesmo enquanto *slogans*, sua importância pode ser discutível em decorrência das mensagens implícitas em que se apoiam ou que irradiam.

1.2 "A Matemática é exata"

> O raciocínio matemático tem por base certos princípios que são exatos e infalíveis.
>
> J. Adams, apud Tahan, 1985, p. 197.

> Na medida em que as leis matemáticas referem-se à realidade, elas não são exatas e na medida em que são exatas, elas não se referem à realidade.
>
> Einstein, A. apud Korzybski, 1958, p. 66.

> O problema da natureza de uma função não é de modo algum uma questão fácil (...) É esta espécie de ambiguidade que constitui a essência de uma função.
>
> Russell, B. apud Apéry, 1974, p. 115.

Comecemos nossa análise pela frase: "A Matemática é exata".

De fato, aos olhos do leigo, nenhum conhecimento pode ser considerado tão bem assentado em suas bases como o matemático. Algumas expressões consagradas pelo uso são sintomaticamente reveladoras de tal tendência, como por exemplo a máxima aritmética: "Tão certo como dois e dois são quatro", ou sua corruptela lógica, de natureza poética, mas de idêntico sentido: "Tudo certo como dois e dois são cinco". Ou ainda a homóloga algébrica, de sentido menos evidente, embora não menos utilizada: "Vou provar por a + b".

Tais expectativas em relação à Matemática, no entanto, foram formuladas explicitamente, bem além das fronteiras do senso comum, por importantes filósofos de diferentes escolas. Descartes e Hume, por exemplo, poderiam subscrevê-las, a despeito de suas discordâncias radicais na concepção do modo como o conhecimento se processa. Apesar de seus pontos de vista serem suficientemente conhecidos, para evitar maiores delongas em nosso percurso citemos, apenas para exemplificar, um pequeno trecho de cada um. Em Descartes (1979, p. 33-31) encontramos: "eu sempre tive um imenso desejo de aprender a distinguir o verdadeiro do falso, para ver claro nas minhas ações e caminhar com segurança nesta vida. ... Comprazia-me sobretudo com as Matemáticas, por causa da certeza e da evidência de suas razões (...) Da filosofia nada direi senão que (...) nela não se encontra ainda uma só coisa sobre a qual não se disputa e, por conseguinte, que não seja duvidosa (...) quanto às outras ciências, na medida em que tomam seus princípios da Filosofia, julgava que nada de sólido se podia construir sobre fundamentos tão pouco firmes".

De Hume, citemos apenas o modo enfático com que encerra sua obra básica *Investigação acerca do entendimento humano* (1972, p. 149): "Se examinarmos, por exemplo, um volume de teologia ou metafísica escolástica e indagarmos: contém algum raciocínio abstrato acerca da quantidade ou do número? Não. Contém algum raciocínio experimental a respeito de questões de fato e de existência? Não. Portanto, lançai-o ao fogo pois não contém senão sofismas e ilusões".

Apesar do aparente conforto de tais companhias bem como daquele decorrente da reverência que se reserva à Matemática, em razão de sua proclamada exatidão, passemos à análise crítica dos pressupostos e das consequências de tal admissão.

Perscrutando o senso comum, distinguimos três suportes mais conspícuos para o *slogan* "A Matemática é exata", quais sejam:
- nesse domínio, as afirmações ou são verdadeiras ou são falsas, não havendo mais alternativas nem meio-termo, nem a possibilidade de qualquer uma delas ser verdadeira e falsa simultaneamente;

- a veracidade ou a falsidade de uma afirmação é sempre demonstrável através de raciocínios lógicos irrefutáveis, encadeados de forma adequada;
- o conhecimento matemático é expresso em números.

Ou Verdadeiro ou Falso

Partindo da primeira suposição, vamos admitir que uma proposição matemática ou é verdadeira ou é falsa, sem ambiguidades, simultaneidade ou alternativas. Mesmo esta admissão será melhor examinada mais tarde.) Isto, porém, seria menos uma consequência do que uma causa da natureza da Matemática. Na verdade, apenas sentenças que podem ser classificadas precisamente em verdadeiras ou falsas são admitidas pela porta da lógica formal no discurso matemático. Esse procedimento seletivo garante a monossemia de tal discurso, eliminando as ambiguidades, mas também exclui de seu raio de ação sentenças exclamativas, imperativas ou interrogativas, bem como certa riqueza na diversidade de planos de interpretação, frequentemente presentes na linguagem usual.

Grosso modo, pode-se dizer que a suposta exatidão da linguagem matemática é resultante primacialmente dessa opção inicial e não pode, em consequência, ser contraposta à pretensa imprecisão da Língua Materna. Em qualquer assunto, se nos restringirmos a admitir apenas frases que podem ser classificadas de modo transparente como verdadeiras ou falsas e a operar sobre elas segundo as leis da lógica formal clássica, teremos uma exatidão idêntica à que é atribuída por essa via à Matemática. Eliminando-se do discurso tudo aquilo sobre o que não se tem certeza, partindo somente de afirmações categóricas sobre "ideias claras e distintas", como pretendeu Descartes, somos conduzidos apenas a afirmações exatas no sentido de serem ou verdadeiras ou falsas. Isto é, a um tempo, óbvio e irrelevante.

A questão relevante que se coloca é a seguinte: que fazer com essa exatidão? Em outras palavras, é possível traduzir o conhecimento em todas as áreas na linguagem asséptica que a Matemática oferece? Ou existem setores da realidade que não se deixam apreender por tal linguagem, em que a ambiguidade é essencial e inevitável, afastando-se das simplificações que conduzem a contradições e aproximando-se do território das mais férteis questões epistemológicas?

Hoje não parece mais haver dúvidas sobre a existência de limitações no raio de ação da Matemática nesse sentido estrito de exatidão que estamos examinando, bem como de outras limitações intrinsecamente associadas aos formalismos em geral. Ser ou não ser onda ou partícula era a questão quando se discutiu, no século XVII, a natureza da luz; mais modernamente, sabemos que a resposta a tal questão transcende em muito o âmbito de uma frase do tipo "isto é (ou não é) aquilo".

O interessante paralelismo que tem sido revelado entre determinadas questões fundamentais da Física Moderna e certas ideias básicas das filosofias orientais cada dia parece revestir-se mais de um caráter verdadeiramente essencial, despindo-se de todos os elementos fortuitos que em alguns momentos fizeram-no parecer circunstancial. Notadamente no que diz respeito à insuficiência da linguagem ordinária na descrição da realidade no nível atômico, como na comunicação de experiências íntimas de natureza sensorial, tanto o físico moderno como o filósofo oriental deparam com problemas similares. E é intrigante o fato de que justamente no caso do pensamento oriental, que se tem revelado "um alicerce filosófico mais adequado à Física Moderna que os modelos existentes na filosofia ocidental" (Capra, 1985, p. 42), a linguagem associada prescinde completamente do verso ser. Na língua chinesa, por exemplo, inexiste tal verbo.

Na própria Matemática, atendo-se aos pressupostos cartesianos, Newton e Leibniz, por exemplo, jamais poderiam ter desenvolvido o Cálculo Diferencial e Integral, como o fizeram. A história do Cálculo é bom exemplo de como um assunto, mesmo tendo como ponto de partida ideias nada claras, mesmo apoiando-se durante quase dois séculos em uma fundamentação lógica nada sólida, soube alimentar-se das próprias inconsistências e transformá-las em fontes fecundas para o seu desenvolvimento e de toda a Matemática. Ora, modernamente, não há nada mais caracteristicamente matemático do que o estudo de Física Moderna, onde os fenômenos são associados a equações matemáticas de que, sem uma manipulação competente, pouco se pode extrair. O mesmo se poderia dizer do Cálculo, cujos desdobramentos posteriores aos trabalhos de Newton e Leibniz tornaram-se, pouco a pouco, condições *sine quibus non* para o estudo da própria Física Moderna. Pois justamente nesses domínios pouco progresso poder-se-ia esperar se se impusesse a classificabilidade das sentenças em verdadeiras ou falsas como condição de possibilidade de sua aceitação no arsenal dos resultados aceitáveis.

Vemos, então, que a referida classificabilidade não pode ser automaticamente associada à suposta exatidão que se pretendia atribuir à Matemática. E há mesmo quem garanta, em certo sentido contrapondo-se a Descartes, que a Matemática não tem que ver com o fato de uma proposição ser verdadeira ou falsa isoladamente. De fato, segundo teria afirmado Bertrand Russell, em 1901, numa singular caracterização, a Matemática é "o assunto em que ninguém sabe do que está falando, nem se o que está dizendo é verdade" (Manno, s.d., p. 272). Mais precisamente, ele afirmou: "A Matemática pura é a classe de todas as proposições da forma 'p implica q' onde p e q são proposições contendo uma ou mais variáveis, as mesmas nas duas proposições e nem p nem q contêm constantes exceto constantes lógicas" (apud Boyer, 1964, p. 440).

Portanto, segundo tal concepção, com profundas raízes filosóficas, a Matemática só trataria do estabelecimento de relações da forma "se p, então q" (p implica q) onde uma proposição é apresentada como uma decorrência da admissão de outra (ou de outras). A questão da verdade revestir-se-ia apenas de um caráter hipotético: quando afirmamos "se p, então q", garantimos que não é possível ter-se p verdadeira e q falsa, mas nada estamos afirmando sobre a veracidade ou a falsidade de p ou q isoladamente. Do ponto de vista matemático, seria possível ignorar os conteúdos semânticos ou os valores de p ou de q. Importariam apenas as conexões necessárias, as cadeias de inferências, as relações entre proposições.

Essa assimilação da Matemática pela Lógica foi o *leitmotiv* do Logicismo, uma corrente filosófica de peso da qual Russell é um representante insigne. Embora a tese logicista, defendida por Russell e Whitehead na monumental obra *Principia Mathematica*, não tenha sido inteiramente bem-sucedida, tendo encontrado óbices de porte, só superáveis com a utilização de recursos *ad hoc*, mas modernamente ela ressurgiu em novos avatares, através dos programas do Positivismo Lógico. Desse modo, é possível afirmar-se que a pretensão reducionista, embora mitigada, subsiste ainda hoje.

Naturalmente, não é essa a concepção de Matemática em que se funda o senso comum. Nesse terreno, a Matemática parece possuir um conteúdo próprio, e é mais frequente a expectativa da subsunção da Lógica pela Matemática do que a inversa, como pretenderam os logicistas. Entretanto, resquícios de tal pretensão podem ser detectados mesmo no senso comum, quando são associados acriticamente o ensino da Matemática com o desenvolvimento do raciocínio lógico, conforme analisaremos mais adiante.

Tudo é demonstrável?

Voltemo-nos agora para a questão da demonstrabilidade das proposições como fundamento para a exatidão atribuída à Matemática. A investigação do significado da noção de demonstração coloca-nos diante de um verdadeiro bívio.

Uma das vias situa-se inteiramente no interior do formalismo, corrente filosófica que identifica a Matemática com o estudo dos sistemas formais. Por volta da segunda metade do século XIX, os formalistas, tendo em Hilbert um de seus maiores expoentes, pretenderam conduzir o trabalho dos matemáticos no sentido de estabelecer teorias formais cada vez mais abrangentes, até alcançar a formalização completa da Matemática.

Como se sabe, uma teoria formal refere-se a certo conjunto de objetos e consta de termos primitivos, regras de formação de fórmulas a partir deles, axiomas (ou postulados), regras de inferência e teoremas. Os termos primitivos descrevem os objetos básicos de que trata a teoria. As regras de formação de fórmulas organizam o discurso a respeito desses objetos.

Os axiomas são as verdades básicas, inicialmente admitidas. As regras de inferência discriminam as ilações legítimas das que não o são, no âmbito estreito da lógica formal. Elas tornam possível demonstrar, dentre as fórmulas bem formadas, as que constituem os teoremas, que são verdades decorrentes, em última instância, dos axiomas. Em sentido estrito, portanto, demonstrar uma proposição é apresentá-la como conclusão de um argumento, em que as premissas ou são os axiomas ou são proposições previamente demonstradas a partir deles.

Na outra via, a noção de demonstração é considerada em sentido lato. Assim, segundo Moles (1981, p. 37): "Demonstrar um fato é construir um sentimento de evidência deste em um indivíduo receptor, comunicando-lhe uma mensagem cujos elementos formam uma série de evidências elementares".

Concebida assim, a noção de demonstração inclui tanto a de proposições da Matemática quanto a de proposições científicas em geral, ou mesmo proposições de qualquer natureza. Para a construção de uma demonstração, deve-se selecionar e explicitar as evidências elementares que constituirão o ponto de partida necessário e que dependerão, fundamentalmente, do canal de comunicação que vier a ser estabelecido entre o emissor e o receptor da mensagem. A partir daí, "a operação elementar da demonstração é a de enganchar um elemento de evidência em um outro, mediante um procedimento que pertence à linguagem, diremos de um modo geral λογος, uma lógica: se as evidências são os tijolos do edifício, a lógica é seu cimento" (Moles, 1981, p. 38).

Embora seja possível afirmar que os axiomas desempenham, na via formalista, o papel de evidências elementares, é necessário distinguir de modo radical o significado de tais evidências nas duas vias.

Nos sistemas formais há um constrangimento nas evidências elementares, que se reduzem aos axiomas e que são fixadas de modo absoluto para todas as demonstrações, estando presentes, direta ou indiretamente, em todas elas. Essa exigência tem como consequência básica na construção de uma demonstração o estabelecimento de longas e frequentemente complexas cadeias de raciocínios, para cuja compreensão o homem comum não se sente suficientemente atraído, paciente ou preparado.

Já na outra via, a consideração do canal que viabiliza a comunicação emissor-receptor no estabelecimento das evidências elementares, tornando local uma escolha que os formalistas pretendem global, possibilita um sensível encurtamento nos encadeamentos de raciocínios. Assim, ainda que em momentos posteriores, algumas evidências precariamente admitidas possam ser submetidas à crítica, tornando-se elas mesmas objetos de justificação a partir de novas cadeias, é possível preservar, ao longo de uma cadeia, o vislumbre do significado global do que se pretende demonstrar.

Outra distinção essencial entre as duas vias de interpretação da noção de demonstração diz respeito à lógica subjacente, o cimento que une os tijolos no edifício-demonstração na tempestiva metáfora de Moles. De fato, enquanto na via formalista a lógica que subjaz restringe-se à lógica formal clássica, na outra via a fonte básica para a produção do referido cimento é a própria linguagem, sendo a lógica entendida em sentido amplo, de um logos. Em consequência, o papel do formalismo matemático resulta substancialmente mitigado, enquanto que o da Língua Materna assume singular importância na construção das demonstrações, na medida em que elas são avaliadas em função da convicção que erigem na mente do receptor.

Quando se analisa a associação da exatidão da Matemática à demonstrabilidade de suas proposições, observa-se, no senso comum, uma fusão das concepções das duas vias. Pretende-se, sem dúvida, que todas as proposições matemáticas seriam passíveis de uma demonstração, bastando para tanto que nos muníssemos adequadamente de preparação e paciência. Ao mesmo tempo, espera-se de uma demonstração mais do que a mera correção sintática, mas também certas qualidades associadas à dimensão retórica de linguagem, que a tornem psicologicamente convincente.

Quanto à demonstrabilidade de todas as proposições matemáticas de um sistema formal, esta era a expectativa dos próprios especialistas até o primeiro quarto do século XX. Desde os trabalhos de Gödel (1931), no entanto, sabe-se que as pretensões formalistas não passaram de uma quimera: é possível uma demonstração formal de que em qualquer sistema formal suficientemente abrangente a demonstração de todas as proposições é impossível ou conduz a inconsistências. Mais especificamente, Gödel demonstrou que em sistemas formais que comportem uma interpretação da aritmética é impossível conciliar consistência com completude.[1]

Como se sabe, um sistema é consistente se não for possível demonstrar uma proposição e simultaneamente a sua negação, enquanto que um sistema é completo se toda a fórmula bem-formada for ou um teorema ou a sua negação o for. A pretensão inicial dos formalistas era reduzir a Matemática a um grande sistema formal que fosse consistente e completo. O trabalho de Gödel, no entanto, mostrou que, em qualquer sistema que tenha objetos suficientes para possibilitar uma interpretação (inclusão) da aritmética elementar, é possível a construção de proposições que não se podem deduzir se são verdadeiras ou falsas; só escapam dessa circunstância os sistemas inconsistentes. Em outras palavras: os sistemas formais de certo porte padecem de uma síndrome congênita que os obriga a optar entre a consistência e a completude. Se entre a maior parte dos especialistas é possível verificar que as consequências filosóficas dos trabalhos de Gödel ainda não foram suficientemente digeridas, pode-se afirmar com segurança que o senso comum simplesmente ignora tais limitações intrínsecas dos formalismos, persistindo a crença ingênua de que em Matemática tudo pode ser demonstrado. O que é falso, a menos que uma demonstração tenha o senso lato que examinamos previamente.

Com esse sentido lato, a demonstrabilidade das proposições matemáticas passa a ser indiscutível, mas deixa, no entanto, de se relacionar com qualquer especificidade do assunto tratado. De fato, em qualquer outro assunto pode-se pretender uma exatidão idêntica à da Matemática, uma vez que, em sentido lato, uma justificativa das proposições envolvidas é condição necessária à construção de qualquer ramo do conhecimento. Assim, a demonstrabilidade de todas as proposições não pode, pois, servir de fundamento para a exatidão da Matemática nem em sentido estrito, onde ela é falsa, nem em sentido lato, onde ela é inespecífica.

---

1. Para uma exposição mais ampla dos resultados de Gödel, ver Nagel (1973).

Expressão em números

Examinemos agora a fundamentação da exatidão com base na expressão em números. Existem duas maneiras básicas de se conceberem os números. Para uma visão panorâmica de suas características, podemos associar uma delas ao pensamento platônico; a outra, às concepções aristotélicas.

Para Platão, o que pretendemos que seja a realidade concreta não era senão um mundo de aparências. As entidades verdadeiramente reais — as Formas ou as Ideias — eram padrões ideais que existiriam independentemente da percepção sensível, sendo supratemporais e suscetíveis de uma definição precisa. Tais seriam, por exemplo, a ideia de "mesa", da qual as mesas onde comemos ou trabalhamos não passariam de representações imperfeitas, as ideias de "um", "dois", "três" etc., chamadas Formas Aritméticas, as de "ponto", "reta", "círculo" etc., chamadas de Formas Geométricas, ou ainda as Formas Morais, como a ideia de "bem". Nas etapas finais de sua evolução, Platão restringiu suas Formas a duas classes: as Matemáticas e as Morais.

A concepção da existência dessa esfera soberana na qual os números ocupariam um lugar proeminente com frequência está associada a representações religiosas do mundo, considerado harmônico, simétrico, de relações perfeitas e absolutas. As verdades matemáticas e, em decorrência, as relações expressas através de números seriam, pois, essencialmente exatas.

Já para Aristóteles, a Matemática seria constituída de construções elaboradas pelos matemáticos a partir do mundo das percepções sensoriais. Ele recusa a distinção platônica entre o mundo das Formas e o da experiência sensível, garantindo que a forma de um objeto empírico é parte do mesmo, tanto quanto o é o seu conteúdo, sua matéria, e distinguindo a possibilidade de abstrair as características matemáticas dos objetos (unidade, circularidade etc.) da existência em esfera independente de tais características (o "um", o "círculo" etc.). Assim, a suposição de que os enunciados matemáticos são intrinsecamente exatos é substituída pela análise da sua adequação à representação do mundo empírico.

Mais modernamente, na trilha aristotélica, como Newton, há os que compreendem os números originando-se nos processos de contagem ou de medida. A partir daí: "o contar e o medir tornam-se as operações intelectuais determinantes da compreensão, assegurando a unidade e a diferenciação" (Bredenkamp, 1977, p. 35) e o número se transforma em representação essencial, em condição de possibilidade para um conhecimento efetivo em qualquer área.

Por outro lado, na trilha platônica, como Frege, há os que pretendem que o número não é algo abstraído das coisas, não é algo físico, uma razão entre grandezas, embora não seja apenas de natureza subjetiva.[2] Não é uma representação, mas um objeto especial, regido por leis próprias que seriam juízos analíticos e, consequentemente, exatos *a priori*. Ou há os que pretendem, como Russell, que: "a Aritmética precisa ser descoberta exatamente no mesmo sentido em que Colombo descobriu as Índias Ocidentais e não criamos os números assim como ele não criou os índios" (apud Barker, 1976, p. 105).

Hoje, no entanto, já não é possível uma distinção tão categórica entre concepções platônicas ou aristotélicas. Há muito desenvolveram-se concepções intermediárias que matizaram significativamente tais distinções. Tal parece ser o caso de Einstein, que concede aos objetos matemáticos o fato de terem sido criados mas credita tal criação ao pensamento humano, desvinculando-os do mundo empírico, a julgar pelo trecho seguinte, que mais afirma que pergunta: "Como pode a Matemática, sendo acima de tudo um produto do pensamento humano, independente da experiência, se adaptar tão admiravelmente bem à realidade objetiva?" (apud Bell, 1937, p. xvii).

Ou há posições como a de Kronecker, para quem bastaria admitir a existência supraempírica dos números naturais (inteiros positivos); todo o restante do edifício matemático teria as características de uma construção: "Deus fez os inteiros; todo o resto é trabalho do homem" (apud Bell, 1937, p. xv).

---

2. Ver a respeito Frege, 1980, p. 240.

Nesse cipoal de pressupostos de natureza filosófica, em um ou em outro extremo ocorrem desvios sesquipedais, como certas interpretações literais da máxima pitagórica: *Os números governam o mundo*. Ou ainda, o que insinua a derivação da palavra *mens* a partir da palavra *mensurare*.[3]

Uma análise acurada de tal cipoal, tendo em vista o destrinçamento da concepção de número, poderia constituir uma pertinente tarefa, mas com certeza ultrapassaria em muito os objetivos do presente trabalho.

No que segue, examinaremos apenas — e de passagem — o modo como o senso comum associa a exatidão da Matemática à expressão numérica de seus resultados, tendo as diferentes concepções filosóficas do número como mero pano de fundo para a reflexão da luz que vier a ser lançada sobre o tema.

Ao que tudo indica, a concepção de número que predomina no senso comum é de natureza essencialmente sincrética. Ao mesmo tempo que o homem comum supõe os números regidos por leis próprias, harmonicamente enunciadas e estruturadas, sempre que depara com números em seu dia a dia eles estão associados a processos de contagens ou de medidas. Assim, se por um lado eles são depositários de uma confiabilidade extrema, por outro são constrangidos a conviver com os inevitáveis limites das precisões nas medidas, bem como com o fato fundamental de que a associação de um número a uma grandeza tem as características de uma representação cuja legitimidade também tem limites.

Na verdade, em cada ocorrência, o número não assume o lugar de grandeza, numa relação de identidade, mas apenas a representa, numa relação de equivalência. Isto significa que certas propriedades interessantes da grandeza em questão resultam caracterizadas pelo número que lhe é associado, mas não todas as propriedades seguramente. Quando, por exemplo, são numeradas as salas de um corredor, não se pretende que exista uma completa correspondência entre as propriedades da sala 8 e as do número 8. É provável que a sala 8 situe-se entre a 7 e a 9, ou pelo menos próximo a ambas, mas não se espera que ela seja necessaria-

---

3. Nicolaus Von Kues, citado em Bredenkamp (1977, p. 35), teria sido o responsável por tal referência.

mente maior que a sala 7 ou o dobro da sala 4. Nessa representação, apenas o aspecto ordinal do número está sendo considerado, ou talvez menos do que isso. Analogamente, se um aluno obtém notas 6 e 4 numa escala de 0 a 10 em duas avaliações independentes de certa disciplina, é rigorosamente exato dizer-se que a média aritmética de suas notas é 5, mas não é necessariamente verdadeiro que ele conhece 50% da matéria examinada.

Estas observações, constrangedoramente óbvias, parecem-nos importantes no sentido de elucidar a questão que se analisa, uma vez que, com muita frequência, as representações numéricas são invocadas como argumento para justificar a exatidão das relações entre as grandezas das quais os números seriam meros representantes.

Este é o ponto que é necessário examinar: quais são a legitimidade de certas propriedades por números e, em consequência, quais as restrições para a transferência de exatidão, operada muitas vezes inconscientemente, do representante numérico para a grandeza representada. Tal exame dependeria, entre outras coisas, de uma análise mais acurada das diversas concepções sobre a natureza do número, o que não será factível neste trabalho, conforme já foi afirmado. Aqui, portanto, limitar-nos-emos a enfatizar a distinção fundamental, ainda que trivial, das representações enquanto relações de equivalência e não de identidade.

Detenhamo-nos agora na atribuição de exatidão aos números enquanto objetos em si mesmos, não na esfera das concepções filosóficas, mas na do senso comum.

Desde muito cedo, em nosso contato com números, deparamos com situações extremamente simples, internas à Matemática, em que as garantias de certeza deveriam resultar estremecidas a um observador mais atento. Mais incisivamente ainda, ocorrem situações em que a exatidão que existe concretamente no nível das grandezas não encontra correspondência em sua representação numérica. A título de ilustração, consideremos a divisão de uma fita de um metro de comprimento em três partes idênticas. Não há dificuldades técnicas para obterem-se as três partes. No entanto, ao efetuarmos a divisão de 1 por 3, encontramos 0,3333... para comprimento de cada uma das partes, sendo a soma das três partes iguais a 0,9999..., um estranho número, que aos olhos do homem comum parece ser aproximadamente igual a 1, mas não exatamente igual a 1.

Para que a ilustração ganhe em verossimilhança, analisemos uma questão similar concretamente proposta por um advogado e respondida por um especialista em Matemática, através da seção científica de um jornal diário, na cidade de São Paulo, em 1987.[4]

"Se tenho uma fita de 1.000 milímetros e a divido em três partes, consigo juntá-las e obter a fita original. No entanto, se divido 1.000 por três, obtenho 333,333333333333333 juntando as três partes, não resulta 1.000, mas 999,999999999999999. Se a Matemática é uma ciência exata, por que ela não consegue exprimir uma divisão materialmente possível?"

A resposta do especialista foi a seguinte: "A pergunta é interessante, mas acho que alguns termos devem ser postos de maneira mais precisa. Quando se pega uma fita de 1 000 milímetros, seccionando-se em três pedaços iguais, cada pedaço tem um comprimento representado matematicamente por 333,333333... milímetros, onde aparece uma quantidade infinita de dígitos 3 e não só quinze dígitos 3. Ao somarmos, obtemos 999,999999... milímetros, onde aparece uma quantidade infinita de dígitos 9 e não só quinze dígitos 9, como descreve a pergunta. Deste modo, o que está em jogo é: que número é este que é representado por uma quantidade infinita de decimais? Vou defini-lo. Sejam $S_1 = 999,9$, $S_2 = 999,99$, $S_3 = 999,999$, ..., $S_n = 999,9...9$, isto é, n noves depois da vírgula. Por definição, 999,999... (infinitos noves) é o menor número que é maior que S_n para todo n. Prova-se que 1.000 satisfaz a definição acima. Logo, a soma das três partes é 1.000."

Como se pode notar neste caso, tanto quem procura negar como quem busca justificar a exatidão da Matemática não resiste à tentação de tratar um *slogan* como uma asserção direta, com a agravante de distintas interpretações dos termos envolvidos: enquanto uma das partes considera resultados aproximados índice incontestável de inexatidão, para a outra, uma sequência que se aproxima indefinidamente de seu limite converge exatamente para ele.

---

4. Trata-se da seção Folha Ciência, publicada no jornal *Folha de S.Paulo* no dia 16 de novembro de 1987.

Em consequência, a resposta do especialista, apesar de essencialmente correta, tem baixo poder de convencimento, dificultando a comunicação entre as partes e fazendo lembrar do diálogo entre surdos a que se referiu Vygotsky (1979, p. 185).

> Dois surdos são julgados por um surdo juiz.
> "Este roubou-me a minha vaca", um deles diz.
> "Alto aí, essa terra", o segundo replica,
> "Sempre foi do meu pai e comigo é que fica!"
> E o juiz: "Mas que vergonha, tanta briga!
> A culpa não é vossa, é da rapariga."

Uma situação semelhante à descrita ocorre com todos os que têm os primeiros contatos com os números irracionais. Como se sabe, a representação decimal de tais números é necessariamente infinita e não periódica. Assim, a única via prática de acesso a um número irracional é a utilização de aproximações sucessivas através de números racionais.

Embora se possa ir tão longe quanto se desejar nessas aproximações, no nível do senso comum os cálculos que utilizam tais representações parecem muito distantes dos precisos resultados matemáticos do tipo 2 + 2 = 4. Esse distanciamento escandalizou os gregos, que conseguiram vislumbrá-lo e se recusaram, por isso, a admitir como verdadeiros números tais entidades. Ainda hoje ele parece desconcertar todos os que enfrentam os irracionais, despidos dos anteparos protetores precocemente instalados pelo tratamento escolar que sói ser dado a esse assunto. Negando o estatuto de números às razões entre grandezas que conduziam aos irracionais, foi possível aos gregos viver praticamente ao largo de tais objetos indesejáveis. Há muito se sabe, no entanto, que a maioria absoluta, a quase totalidade dos números reais existentes é constituída por números irracionais. Os outros, os racionais, constituem uma ínfima minoria, a despeito de o homem comum não ter contato senão com uns poucos números irracionais, ao longo da vida.

Apenas esse fato já deveria ser suficiente para determinar uma relativização nas expectativas de fundamentação da exatidão da Matemática na expressão numérica de seus resultados, bem como uma compreensão maior da necessidade intrínseca a certos processos básicos envolvendo números — como, por exemplo, as medidas — da utilização de resultados aproximados.

1.3 "A Matemática é abstrata"

> Ser uma abstração não significa que a entidade é nada. Significa apenas que sua existência é somente um fator de um elemento mais concreto da natureza.
>
> A. N. Whitehead apud Korzybski, 1933, p. 371.

> O símbolo A não é a contrapartida de coisa alguma na vida cotidiana. Para a criança, a letra A deveria parecer terrivelmente abstrata...
>
> A. S. Eddington apud Korzybski, 1933, p. 368.

> Conversando com M. Hermite, ele nunca evoca uma imagem concreta; então você logo percebe que as mais abstratas das entidades são para ele como criaturas vivas.
>
> H. Poincaré, apud Bell 1937, p. 448.

> (...) fazemos abstrações num número indefinido de níveis abstraindo de abstrações, abstraindo de abstrações de abstrações etc.
>
> S. I. Hayakawa, apud Campos, 1977, p. 273.

Passemos, agora, à análise da frase:

"A Matemática é abstrata".

De um modo geral, aos olhos do homem comum, poucas classificações dicotômicas parecem tão naturais quanto a que distingue o abstrato do concreto, da qual nem os substantivos lograram escapar. De fato, parece muito simples caracterizar o concreto, o real, o palpável, em contrapartida ao abstrato, ao imaginário, ao concebido. Nesta trilha, os objetos matemáticos, desde os mais simples até as estruturas mais complexas, admitidas ou não as raízes empíricas, são peremptoriamente classificados como abstrações.

Consideremos, por exemplo, a ideia de número. Um homem pode ter 5 dedos em uma das mãos e até utilizá-los para contar 5 abacaxis ou 5 dias; nunca terá, no entanto, concretamente em suas mãos o número 5. Essas múltiplas manifestações do número 5 não são objeto de estudo da Matemática; o número 5 enquanto matéria-prima para o trabalho do matemático é uma abstração que transcende todas as possíveis instâncias empíricas, como bem enfatiza Whitehead em frase anteriormente citada.[5] Uma situação análoga ocorre com objetos mais complexos, como as estruturas. Um Grupo, por exemplo, é um conjunto de objetos relacionados através de certas propriedades características que independem da natureza dos objetos. Quer se trate de um grupo de números inteiros ou de um grupo de transformações, o objeto matemático que consiste na estrutura abstrata de um grupo é absolutamente independente de suas particulares manifestações. No nível do senso comum, tais considerações afiguram-se como naturais, tanto a clara distinção entre o concreto e o abstrato, como a situação das abstrações no cerne do trabalho dos matemáticos. Como, entre os especialistas, não são poucos os que garantem, como Bourbaki, que "Matemática é simplesmente o estudo de estruturas abstratas" (apud Kneebone, 1963, p. 4), de imediato não se vislumbram litígios ou mal-entendidos sobre a frase que se analisa: "A Matemática é abstrata".

Por outro lado, no nível do senso comum, poucas palavras têm sido tão estigmatizadas quanto *abstrato,* poucas têm sido tão mal-entendidas.

No dia a dia, com frequência a referência a algo como *abstrato* ocorre impregnada de conotações negativas, como as associadas à dificuldade de compreensão e ao interesse de poucos, ou de sentidos contraditórios, que situam pendularmente as abstrações entre a essência do real e o que nada tem de real. Com efeito, em certos contextos, considera-se uma

---

5. Ver p. 47.

abstração o resultado da depuração do real, eliminando-se as circunstâncias irrelevantes e retendo-se exclusivamente suas características essenciais; outras vezes diz-se, das abstrações que se situam muito distantes da realidade, que têm pouco que ver com ela. Que estranho objeto é esse, a abstração, tão próximo e simultaneamente tão distante da realidade concreta? E em que consiste, efetivamente, o concreto? Como caracterizá-lo sem a circularidade resultante da classificação dicotômica onde o abstrato é o não concreto e o concreto é o não abstrato?

No caso específico da frase em exame, além das questões acima referidas, é necessário analisar, em sua utilização como *slogan*, certa predisposição em considerar-se o lidar com abstrações uma característica exclusiva da Matemática, como se em outros setores do conhecimento elas não desempenhassem um papel igualmente relevante. Comecemos com a caracterização do termo *concreto*. Em seu uso reais frequente, ele se refere a algo material manipulável, visível ou palpável. Quando, por exemplo, recomenda-se a utilização de material concreto nas aulas de Matemática, é quase sempre este o sentido atribuído ao termo concreto. Sem dúvida, a dimensão material é uma importante componente da noção de concreto, embora não esgote o seu sentido. Há uma outra dimensão do concreto igualmente importante, apesar de bem menos ressaltada: trata-se de seu conteúdo de significações.

Uma história bem articulada, referente a um tema em estudo, a despeito de sua natureza verbal, não se tratando de um material concreto em sua dimensão palpável, pode revestir-se de um conteúdo de significações, que revele de maneira decisiva a concretude do assunto tratado. Também é possível que um material manipulável tenha natureza arbitrária, sendo desprovido de significações para os que o manipulam, o que pode comprometer a concretude que se pretendia enfocar.

Quando, como sói acontecer, o abstrato é identificado com o não concreto, é fundamental considerar as duas dimensões do concreto acima referidas, destacando que, apesar da existência de situações em que a preponderância de uma ou de outra dimensão é suficiente para garantir a concretude, de modo geral ela pode resultar significativamente comprometida pela ausência de uma delas.

Para ilustrar o que se afirmou, vejamos um exemplo simples. De um livro de Matemática, com frequência destaca-se sua natureza abstrata, enquanto que de um livro de História não é comum dizer-se o mesmo. Quando se considera apenas a dimensão concreto-palpável, não há distinções essenciais entre os dois livros, uma vez que o material presente em ambos consiste, no máximo, em representações não manipuláveis dos objetos envolvidos. Podem ocorrer no entanto — e em geral ocorrem — diferenças radicais com relação à concretude, quando se considera o conteúdo de significações de um e de outro, com a consequente caracterização de apenas um deles como abstrato.

Embora não pairem dúvidas sobre a comum hipertrofia da dimensão concreto-palpável, vamos examinar um outro exemplo que põe em evidência a importância decisiva do conteúdo de significações na ideia de concretude.

O Problema dos Quatro Cartões

Em 1966, o psicólogo inglês Wason publicou um problema que, proposto a grupos de adolescentes inteligentes ou de universitários selecionados, parecia pôr em xeque certos pressupostos piagetianos sobre a competência quanto ao raciocínio lógico.[6] Todos os indivíduos submetidos ao problema encontravam-se no estágio do pensamento formal, e o problema não envolvia qualquer conhecimento específico, limitando-se essencialmente a operações lógicas, as quais, supostamente, todos seriam capazes de realizar. Os resultados, no entanto, pareciam contradizer tais expectativas.

O problema consiste na apresentação de quatro cartões e de uma proposição condicional relativa a eles; os sujeitos devem indicar em que condições se pode concluir sobre a veracidade de tal proposição. Ele é conhecido como Problemas dos Quatro Cartões e em sua versão original tem a forma seguinte:

---

6. Ver a respeito Wason, 1977 e 1979.

"Os quatro cartões abaixo têm uma letra numa face e um número inteiro na outra.

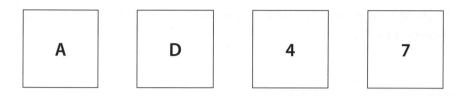

Considere a proposição: 'Se há uma vogal em uma face, então há um número par na outra'. Indique os cartões que precisam ser necessariamente virados para que se determine se a proposição acima é verdadeira ou falsa."

Deveria ser transparente, para sujeitos no estágio do pensamento formal, que a resposta correta é: devem ser virados o cartão que tem o A e o que tem o 7, ou seja, ordenando-se os cartões da esquerda para a direita, o 1º e o 4º cartões. Segundo Wason, no entanto, a esmagadora maioria dos sujeitos respondeu "1º e 3º cartões", muitos responderam "apenas o 1º'", e apenas uma minoria inexpressiva referiu-se ao 2º ou ao 4º cartão. Wason estendeu a experiência, mantendo a estrutura lógica do problema mas alterando seu conteúdo, passando a tratar de assuntos com significado concreto, extralógico, para os sujeitos. A um grupo, por exemplo, sugeriu que se imaginassem carteiros e propôs o problema da seguinte forma:

"Os quatro envelopes abaixo estão selados.

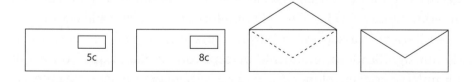

Há uma ordem expressa: 'Se um envelope tiver um selo de 5 *cents*, então ele deve ser deixado aberto'.

Quais os envelopes que precisam ser virados, para que se determine se a ordem foi ou não cumprida?"

Apesar de os dois problemas serem idênticos do ponto de vista lógico, segundo Wason, o número de acertos aumentou significativamente com essa nova formulação. Realizando diversas experiências com níveis crescentes de concretização nas formulações, ele obteve os seguintes resultados:

TIPO DE FORMULAÇÃO	ÍNDICE DE ACERTOS
Abstrata (como nos cartões, representados em figuras)	19,3%
Concreta Arbitrária (como nos cartões, utilizando cartões manipuláveis)	49,0%
Concreta com Simulação (como nos envelopes, representados em figuras)	87,0%
Concreta Realista (como nos envelopes, utilizando envelopes manipuláveis)	98,0%

Embora a intenção de Wason com a utilização de níveis crescentes de concretização fosse demonstrar a influência do conteúdo na determinação da competência lógica, suas experiências fornecem-nos elementos decisivos para evidenciar e relacionar as duas dimensões do concreto anteriormente referidas. Com efeito, a formulação do problema com cartões utiliza uma associação arbitrária entre letras e números, desprovida de um significado prontamente perceptível, enquanto que no caso da formulação com envelopes e selos a associação parece naturalmente significativa. Por outro lado, em ambas as formulações, os cartões ou envelopes podem ser efetivamente manipuláveis ou reduzir-se a representações abstratas. Em consequência, do ponto de vista das duas dimensões do concreto que estamos caracterizando, as quatro formulações de Wason podem ser classificadas do modo que segue:

TIPO DE FORMULAÇÃO (WASON)	CLASSIFICAÇÃO (DIMENSÕES DO CONCRETO)
Abstrata (cartões em figuras)	Abstrata
Concreta Arbitrária (cartões manipuláveis)	Concreta — dimensão material
Concreta com Simulação (envelopes em figuras)	Concreta — dimensão conteúdo de significações
Concreta Realista (envelopes manipuláveis)	Concreta — ambas as dimensões

Assim, a análise dos índices de acerto em cada formulação conduz, de forma clara, à conclusão de que, conquanto as duas dimensões do concreto sejam fundamentais em sua caracterização, quando são consideradas independentemente uma da outra, o conteúdo de significações desempenha um papel proeminente em relação à dimensão material, não se justificando em hipótese alguma a frequência com que esta última dimensão subsume a noção de concreto, no nível do senso comum.

Abstração e Conhecimento

Voltemo-nos, agora, para o exame dos mal-entendidos centrados diretamente na noção de abstrato. A maior parte das conotações negativas associadas ao termo abstrato decorre de uma caracterização inadequada do papel que as abstrações desempenham na construção do conhecimento. Com efeito, entre não especialistas, interessa menos a questão de as abstrações terem ou não raízes empíricas do que o fato de elas se referirem, direta ou indiretamente, à realidade concreta, o que parece acima de qualquer suspeita. Mesmo entre especialistas, os modelos mais abstratos das geometrias não euclidianas ou da mecânica quântica, ou ainda toda uma classe de experiências científicas para as quais não se vislumbra ainda qualquer possibilidade tecnológica de realização, admite-se com frequência que mantêm seus vínculos com a realidade concreta pela via do conteúdo de significações.

Para citar um exemplo extremo, uma experiência como a do trem infinito, imaginada por Einstein por volta de 1916, constitui um dos argumentos decisivos para derrubar noções tão solidamente estabelecidas quanto a da simultaneidade de dois eventos na Física Clássica.[7] Naturalmente, tal como foi descrita, jamais será possível realizá-la, por mais que se disponha de recursos tecnológicos. Experiências deste tipo, classificadas em Física como "experiências de pensamento", não constituem exemplos isolados, fortuitos, circunstanciais: ao longo da história da Ciência elas têm desempenhado um papel reconhecidamente relevante, a despeito de sua natureza abstrata. Assim, a assimilação da abstração ao que nada tem de real não parece um alvo tão adequado para uma análise demorada quanto o singular lugar que as abstrações ocupam no processo de elaboração do conhecimento.

É muito difundida a concepção segundo a qual o processo de conhecimento, de uma maneira geral, desenvolve-se numa ascensão do concreto ao abstrato, da realidade aos modelos teóricos. Tal concepção frequentemente reduz a função do pensamento teórico à de uma via de mão única, através da qual são criadas abstrações generalizadoras, que se tornam cada vez mais abrangentes e, naturalmente, mais distantes do real. Em consequência, a partir de um ponto de não retorno cuja localização é muito difícil de precisar, tal concepção conduz à consideração das abstrações como um objeto em si mesmo, mitigando ou elidindo seu verdadeiro papel.

A concepção simetricamente oposta, que insinua a construção do conhecimento numa ascensão do abstrato ao concreto, apesar de suas respeitáveis raízes filosóficas, é defendida por poucos, no nível do senso comum. Não obstante tal fato, de longe ela é a que mais orienta a prática pedagógica, a julgar pela predominância dos esquemas que conduzem, em situações de aprendizagem, da teoria às aplicações ou aos exercícios,

---

7. Ver a respeito Bassalo, 1984, p. 395.

tão utilizados em salas de aula das mais variadas disciplinas. Tais esquemas contribuem de modo decisivo para a difusão da impressão de que as abstrações se articulam, na construção do conhecimento, de modo inteiramente desvinculado da realidade empírica. Ao final do processo, mesmo o encontro das teorias produzidas com as aplicações práticas que parecem legitimá-las não consegue evitar nos alunos uma acentuada sensação de desconforto, resultante da aparente fortuidade desse encontro.

De modo geral, não parece possível compreender-se o processo de construção do conhecimento caracterizando-o como um movimento unidirecional e de sentido único que ascenderia do concreto ao abstrato, ou vice-versa. A situação das abstrações, quer como algo dado *a priori*, quer como finalidade última do conhecimento, embora às vezes possa parecer uma alternativa atraente, em ambos os casos conduz em poucos passos a becos sem saída, a armadilhas filosóficas decorrentes de um idealismo exacerbado.

Na verdade, no processo de elaboração do conhecimento, as abstrações são mediações indispensáveis. Situam-se sempre no meio do processo, constituindo condição de possibilidade do conhecimento em qualquer área, em vez de ponto de partida ou ponto de chegada. São um degrau necessário que conduz de um patamar de concretude a outro. Através delas, dá-se o reconhecimento e a estruturação de relações progressivamente mais significativas, que passam a caracterizar um concreto mais complexo mas que viabilizam a ação sobre ele. Naturalmente, dependendo de certas características das abstrações mediadoras, como a sua abrangência, suas possibilidades operatórias e de articulação, o novo patamar de concretude pode favorecer mais ou menos a compreensão e a ação. Em qualquer caso, no entanto, o processo de elaboração do conhecimento não se encerra após uma mudança de nível como a descrita; sob a luz das abstrações mais abrangentes, cada patamar pode tornar-se — e em geral se torna — um novo ponto de partida, que conduzirá a novo estágio, onde as relações determinantes estruturam-se de modo ainda mais significativo. E o processo pode seguir assim, numa cadeia sem fim. Uma cadeia em geral não linear, onde podem coexistir, em um mesmo nível, diferentes estruturações do concreto organizadas a partir de distintos sistemas de abstrações e que podem dar origem a diversos prosseguimentos.

Os níveis de Van-Hiele

Os trabalhos de Van-Hiele (1986) podem ser interpretados como uma interessante ilustração da consideração de diferentes patamares de concretude. Ao analisar a construção do conhecimento em Matemática, Van-Hiele identificou cinco níveis sucessivos no processo, em cada um dos quais os objetos concretos teriam características distintas, que passamos a descrever.

No *primeiro nível*, que é o percentual, os objetos concretos são os elementos básicos do estudo que se inicia tal como são percebidos pelos sentidos: certas abstrações mediadoras conduzem à identificação de suas propriedades características. No *segundo nível*, os objetos concretos passam a ser as propriedades características dos elementos básicos do nível inicial; estes, agora, já são identificados através destas propriedades. No *terceiro nível*, são investigadas relações entre propriedades dos elementos básicos; os objetos concretos, agora, são afirmações que relacionam tais propriedades, ou seja, propriedades das propriedades. No *quarto nível*, encadeiam-se afirmações sobre propriedades dos elementos básicos, de tal modo que umas aparecem como consequência lógica de outras, estruturando-se dedutivamente o conhecimento; aqui, os objetos concretos são cadeias de afirmações, são argumentos. No *quinto nível*, são analisadas propriedades das cadeias dedutivas, dos sistemas explicativos constituídos a partir delas; os objetos concretos são propriedades de tais sistemas como consistência, completude, entre outras.

No caso específico da Geometria, a caracterização dos diversos níveis é levada a efeito por Van-Hiele da forma seguinte:

— *no primeiro nível*, os alunos reconhecem as figuras ou os objetos por sua aparência global, identificando triângulos, quadrados, círculos, esferas, cubos, cilindros etc., sem serem capazes ainda de descrevê-los através de propriedades características;

— *no segundo nível*, os alunos analisam as propriedades características das figuras ou objetos identificados, notando que quadrados têm lados iguais e ângulos iguais, que retângulos têm diagonais iguais, que as diagonais de um paralelogramo se cortam ao meio etc., mas ainda permanecem no nível das relações objetos × propriedades, sem se interessarem decididamente, ainda, por relações entre propriedades;

— *no terceiro nível*, os alunos estabelecem relações entre propriedades ou, mais precisamente, relacionam figuras ou objetos através de suas propriedades, observando que todos os quadrados são retângulos, que nem todos os polígonos equiláteros são equiângulos etc.; no entanto, neste nível não existe o interesse explícito em justificar afirmações a partir de outras, em construir cadeias dedutivas;

— *no quarto nível*, os alunos são levados a deduzir uma propriedade a partir de outras, como, por exemplo, a justificar o fato de a soma dos ângulos internos de um triângulo ser igual a 180° a partir do postulado das paralelas ("por um ponto não pertencente a uma reta, é possível traçar uma única reta paralela à reta dada"); questões como a da relatividade do conjunto de postulados ou das propriedades globais do sistema dedutivo que se erige ainda não são plenamente percebidas;

— *no quinto nível*, os alunos são capazes de visualizar propriedades mais gerais dos sistemas dedutivos, comparando os vários sistemas possíveis, as várias geometrias imagináveis, euclidianas ou não euclidianas, bem como os diversos pontos de vista segundo os quais os mesmos objetos podem ser estudados, decorrentes das abordagens da topologia, da geometria afim, da projetiva, da métrica etc.

Uma sequência semelhante é proposta para a construção do conhecimento em qualquer setor, na Matemática ou fora dela. Em seus trabalhos, Van-Hiele especifica uma sequência de fases do aprendizado, através das quais os alunos deveriam ser conduzidos para elevarem seus níveis de conhecimento, mas não é o caso de determo-nos aqui para examiná-las. O que nos interessa, neste momento, é perceber, na escalada dos níveis, a crescente complexidade do objeto concreto: dos elementos básicos passou-se às suas propriedades, às relações entre propriedades, às cadeias de propriedades e às propriedades das cadeias. A despeito de sua linearidade e da finitude da sequência de patamares, além da aparência de certa arbitrariedade na fixação do número de níveis, o modelo de Van-Hiele tem o inequívoco mérito de destacar a relatividade da noção do objeto concreto, bem como o papel de mediação desempenhado pelas abstrações. E chama a atenção para o fato fundamental de que, percorrendo-se uma via adequada, é possível tratar-se de entidades usualmente classificadas como abstratas, como são os sistemas formais, como objetos concretos, plenos de conteúdos de significações.

Abstração e Linguagem

Afirmamos anteriormente a existência de certa predisposição em considerar-se o lidar com abstrações uma característica exclusiva da Matemática; agora passemos ao exame de tal questão. Bem pouco do que se registrou até aqui a respeito dos sentidos e conotações do termo *abstrato* refere-se, exclusivamente, às abstrações matemáticas: o âmbito de nossas discussões é o dos objetos do conhecimento de uma maneira geral e não apenas o dos objetos matemáticos, apesar da eventual predominância de exemplos matemáticos. Para evidenciar tal fato, bastaria lembrar o papel das abstrações no âmbito da constituição da linguagem ou, mais precisamente, no aprendizado da Língua Materna. Todos os sistemas linguísticos, dos ideográficos aos alfabéticos, baseiam-se necessariamente em abstrações, ainda que de natureza diversa, em cada caso.

Nos sistemas ideográficos, originariamente, os próprios signos constituíam imagens pictóricas de natureza analógica dos objetos representados. Pouco a pouco, abstrações sucessivas produziram certo distanciamento entre o significante e o significado, chegando-se mesmo à impressão de uma arbitrariedade absoluta na relação entre ambos. Quem quer que se digne, no entanto, a perscrutar a história e a investigar a gênese dos caracteres ideográficos encontrará, sem dúvida, argumentos decisivos para a demonstração da relevância das abstrações nas linguagens ideográficas. Nos sistemas alfabéticos, no entanto, as abstrações desempenham um papel ainda mais proeminente. Aqui, os próprios sons passíveis de serem articulados pelo ser humano é que são subdivididos e classificados em certos tipos básicos, em número muito pequeno, associados a signos, com os quais se passam a compor as palavras, num processo de natureza abstrata com certa semelhança com o que é utilizado usualmente na representação dos números a partir apenas de um pequeno número de algarismos. Em qualquer caso, parece não haver dúvida sobre o fato de que "todo o sinal que passa a um fato da língua, isto é, elemento de um sistema, seguiu necessariamente a vida da abstração, qualquer que tenha sido o seu ponto de partida" (Pagliaro, 1967, p. 289).

Ou ainda que "a linguagem fônica contribui em larga medida para que a mente actue no plano abstrato, tal como os símbolos numéricos permitem e desenvolvem nela essa capacidade" (Pagliaro, 1967, p. 270).

A questão do paralelismo entre os mecanismos, através dos quais se processam o conhecimento matemático e o da Língua Materna, será objeto de análise mais demorada adiante. Por enquanto, limitamo-nos a destacar que, nestes dois setores, que constituem condição de possibilidade para o conhecimento em qualquer área, as abstrações desempenham papel relevante. Em ambos os casos, o que parece ter importância decisiva é o papel das abstrações enquanto elementos mediadores de um processo que parte do real e a ele se destina, em última instância, e não como elementos de uma das duas categorias gerais, mutuamente exclusivas, em que todos os entes devem enquadrar-se: o abstrato e o concreto.

Do justo reconhecimento do papel das abstrações é que decorre o esvaziamento semântico de uma frase como: "A Matemática é abstrata"; embora nenhum conhecimento prescinda de abstrações, não faz sentido classificar conhecimento algum como abstrato. É como se se dissesse de determinado argumento: "É falso". Não obstante o verdadeiro ou falso estarem presentes em todo argumento, enquanto valores característicos das proposições que o constituem, a atribuição a qualquer argumento de um desses dois valores não passa de um erro categórico.

1.4 "A capacidade para a Matemática é inata"

> A verdade é que a Matemática pressupõe um tipo definido de constituição psicológica que não é de modo algum universal e que não pode ser adquirido. Para os que não possuem capacidade, a matemática torna-se meramente um assunto a ser memorizado...
>
> C. G. Jung, apud Huntley, 1985, p. 18.

> O desempenho de Poincaré na escola elementar foi brilhante, embora ele não mostrasse a princípio qualquer interesse em Matemática. Sua paixão primitiva era história natural...
>
> E. T. Bell, 1937, p. 533.

> Tenho ouvido eu mesmo sendo acusado de ser um oponente, um inimigo da Matemática, a qual ninguém pode valorizar mais do que eu, pois ela representa exatamente o que me foi negado realizar.
>
> Goethe, apud Bell, 1937, p. xv.

Com relação às notórias dificuldades enfrentadas pela maior parte das pessoas em seus contatos institucionais com a Matemática, a frase: "A capacidade para a Matemática é inata" ocupa lugar de destaque. Ela desempenha o papel de um conveniente biombo que provê de legitimidade as atitudes de todos os que buscam conscientemente certo distanciamento de tal assunto em suas atividades rotineiras. Ao admitir-se a existência de predisposições inatas para o desempenho em Matemática, esvazia-se a expectativa de que esse conhecimento seja partilhado por todos, assim como não se espera que todas as pessoas revelem competência em temas como a música, ou a poesia. Ocorre, no entanto, que, diferentemente da música, da poesia ou de outras atividades que supostamente exigiriam predisposições congênitas, a Matemática é ensinada de modo compulsório nas escolas a todos os alunos. Em consequência, as dificuldades enfrentadas não passariam de resultados naturais e previsíveis. A radicalização deste ponto de vista conduz à conclusão de que, para uma superação das dificuldades generalizadas, bastaria não exigir igualmente de todos os alunos o conhecimento da Matemática. Seu estudo seria reservado aos que revelassem as capacidades inatas correspondentes.

Embora não exista unidade nos diversos países sobre o significado e as funções da Matemática no currículo da escola básica, tal eliminação da obrigatoriedade, ao que parece, nunca foi sequer pensada em parte alguma. Há uma confiança tão generalizada na importância da Matemática na formação geral dos indivíduos que, mesmo sem uma clara consciência a respeito, seu ensino para todos jamais foi contestado. Assim, diante das dificuldades, o atalho mais curto a que são atraídas as tentativas de superação consiste na pressuposição de que os culpados são as vítimas: é a falta de capacidade que estaria na raiz dos problemas. E como a competência de que se trata seria inata, adentra-se em um verdadeiro beco sem saída, do qual só é possível escapar em decorrência de um acordo com os céus, a respeito de uma distribuição mais generosa ou equitativa do talento matemático.

Na análise que segue, pretendemos mostrar que tal modo de conceber a competência em Matemática tem como suporte alguns mal-entendidos fundamentais. Entre eles, é possível reconhecer a existência de uma

- identificação indevida entre *capacidade* e *interesse*;
- confusão generalizada entre o *inato*, *o geral* (universal) e o *específico* (particular);
- contraposição insustentável entre o *inato* e o *construído* (ou adquirido).

Detenhamo-nos um pouco em cada um dos suportes apontados.

Capacidade e Interesse

É muito fácil compreender a ausência de um maior interesse pela Matemática em numerosos indivíduos intelectualmente bem-dotados, notáveis mesmo em suas áreas de atuação, que parecem ter poucos pontos de contato com esse assunto. Apesar de esta ser uma postura insólita entre filósofos e de ser muito difícil indicar um só setor das atividades humanas que prescinda completamente de Matemática, não é de se estranhar que a crescente fragmentação do saber em segmentos cada vez mais específicos conduza com tanta frequência tantos indivíduos a um afastamento consciente de certos assuntos. Parece razoável, no entanto, interpretar tal ocorrência como uma questão de opção entre diversas alternativas e não como um impedimento em função de uma incompetência congênita.

Naturalmente, não estamos sugerindo que todos os indivíduos podem dedicar-se com igual proveito a todos os assuntos; a existência ou não de condições genéticas favoráveis para talentos especiais não é questão de natureza retórica mas substancialmente científica. O que está em jogo, no entanto, não é a possibilidade de transformação de todos em matemáticos profissionais, mas sim a capacidade universal de utilização consciente de um instrumento básico para a representação da realidade, como é a Matemática. Analogamente, se por um lado seria ingênuo pretender uma vocação universal para Linguística, por outro lado seria inaceitável a suposição de que nem todos têm capacidade para uma utilização satisfatória de sua Língua Materna.

Um exemplo insigne de indivíduo decididamente competente segundo qualquer critério que se utilize e que garantia não ter qualquer capacidade ou talento para a Matemática parece ser o de Freud.[8] Talvez se deva depreender de suas declarações que ele não tinha interesse especial pelo assunto, o que seria muito razoável. Que poderia ter-lhe faltado, no entanto, em termos de competência específica? Capacidade de abstração? Capacidade de organização, de síntese? Indiscutivelmente, os conceitos psicanalíticos básicos, nascidos de sua lavra e disseminados com muito vigor em múltiplas paragens e em obras de diferentes motivações e origens, alguns deles ocupando lugar de destaque, inclusive no discurso do senso comum, constituem abstrações, como o Id, o Ego, o Superego. Possivelmente, grande parte das abstrações matemáticas é de nível infe-

---

8. Ver frase citada na introdução deste trabalho, à p. 25.

rior às suprarreferidas, como por exemplo os conceitos de grupo ou de corpo. Freud, naturalmente, utilizava seus instrumentos com desenvoltura, sem tropeçar em sua natureza abstrata.

Com relação às características pessoais do fundador da Psicanálise, seu respeitado biógrafo Ernest Jones (1979, p. 65) afirma: "Freud tinha uma mente bem ordenada (...) e o seu poder de organizar uma grande massa de fatos num agrupamento sistemático era verdadeiramente extraordinário". Não é esta capacidade de sistematização, de distinção entre o dado relevante e o irrelevante uma das características mais legitimamente associadas à competência em Matemática?

É provável, no entanto, que o próprio Freud tenha declarado sua putativa incompetência em Matemática em razão de uma visão distorcida, resultante de ideias preconcebidas, como a que estamos examinando. Esta possibilidade resulta menos herética ou ousada, quando cotejada com a opinião do próprio Ernest Jones (1979, p. 65), para quem Freud "nunca poderia ter sido um matemático (...), uma vez que (...) desdenhava da exatidão e das definições precisas, julgando-as aborrecidas ou pedantes".

Se, mesmo em indivíduos verdadeiramente excepcionais, podem ser encontrados vestígios desta problemática identificação entre competência e interesse no senso comum os preconceitos relativos à Matemática, como em um círculo vicioso, ao mesmo tempo favorecem e alimentam-se de tal identificação.

Inato, Universal, Particular

Um outro mal-entendido relativo à frase que estamos examinando diz respeito a uma associação oscilante de características inatas, ora a características universais dos indivíduos, ora a características particulares de indivíduos específicos. Com efeito, diz-se, por exemplo, que é inato o instinto que faz com que o recém-nascido sugue o seio de sua mãe sem necessidade de aprendizagem alguma, e isto quer dizer que tal instinto é universal. Por outro lado, afirma-se que a capacidade para a Matemática é inata em um sentido muito distinto do já citado e que, mais precisamente, a ele se opõe: o que se afirma é o caráter específico de uma competência que não é partilhada por todas as pessoas, mas apenas pelos que "nasceram para isso".

Mesmo em nível filosófico ou epistemológico, onde soem ocorrer densos debates sobre a controversa questão do inatismo de certas características humanas, bem como do caráter inato de certos conceitos, a confusão entre os significados está presente.

Como se sabe, o linguista americano Noam Chomsky atribui, metaforicamente, à linguagem humana as características de um "órgão", como por exemplo o fígado, ou outro. Naturalmente, trata-se de um "órgão" especial no sentido de que não é localizado apenas em uma região bem delimitada do corpo, mas é, segundo ele, algo com que nascem todas as pessoas, sendo inato, portanto. A partir do estado inicial, tal órgão desenvolver-se-ia até atingir um estado estacionário, o que ocorreria por volta da puberdade.[9] Não obstante o caráter inato, a linguagem não se desenvolveria nos indivíduos por simples maturação de natureza biológica: são imprescindíveis certas condições adequadas a serem propiciadas pelo ambiente externo, para que o seu desenvolvimento se processe.

Desde que publicou seus primeiros trabalhos, por volta de 1957, não faltaram a Chomsky vigor intelectual para defender seus pontos de vista, nem oponentes à altura. O que importa, no entanto, neste momento, são os diversos sentidos em que o termo inato é utilizado, mesmo em instâncias de alto nível. Nas palavras do próprio Chomsky, encontramos a subsunção do inato pelo geral: "o fato de uma coisa ser geral convida somente a pensar que ela seja inata, mas não demonstra que seja inata. Se uma coisa não é geral, então essa coisa certamente não é inata" (apud Piatelli-Palmarini, 1983, p. 110).

A este respeito, o biólogo Guy Cellerier, da Universidade de Genebra, contrapõe-se a Chomsky, afirmando: "Adotar a universalidade como critério de inatismo não me parece suficiente, de acordo com as normas da biologia contemporânea. Todos os organismos obedecem às leis da

---

9. Ver especialmente Piatelli-Palmarini, 1983, p. 105.

gravitação, entretanto não concluímos daí que essas leis sejam inatas. A anemia hemolítica congênita não é universal e, no entanto, consideramo-la inata. Numa palavra, a universalidade não é sequer uma condição necessária e procurá-la, mesmo admitindo a uniformidade da espécie humana, levará, pelo contrário, a ignorar os traços que, de fato são inatos" (apud Piatelli-Palmarini, 1983, p. 115).

No mesmo sentido, afirma Piaget: "não se deve confundir geral e inato; toda a fraqueza da obra de Jung (*sic*) reside no fato de ele ter acreditado que, por um mito ser geral, corresponde necessariamente a um arquétipo inato" (apud Piatelli-Palmarini, 1983, p. 109).

Embora pareça mais provável que o homem comum utilize o termo inato na acepção de Cellerier, não é o caso de tomar partido nesta discussão, mas apenas de insistir na necessidade de uma análise semântica de termos como inato, sem o que de pouco adianta aceitar ou rejeitar qualquer proposição que o inclua. Transportando tal discussão para o caso da frase que estamos examinando, podemos perceber uma diferença tão notável entre as concepções de inatismo nos sentidos de Chomsky e Cellerier quanto à existente entre a água e o vinho.

Inato × Construído

Na verdade, a contraposição fundamental que necessita ser examinada, a fim de que se possa esclarecer o significado da frase "A capacidade para a Matemática é inata", é a do "inato" com o "construído" ou o "adquirido", e neste ponto concentramos, agora, nossas atenções. Inicialmente, ressaltamos que não se fará distinção nesta análise entre o "construído" e o "adquirido", presumindo sentidos compatíveis para ambos. Descartamos, conscientemente, a consideração de outros sentidos para "adquirir", cuja existência reconhecemos, sobretudo aqueles relacionados com "apropriar-se", "tomar posse de" ou "comprar", por considerá-los inadequados, como referência ao conhecimento, mesmo quando utilizados metaforicamente. Assim, a contraposição fundamental que subjaz e que tende a revestir-se de características dicotômicas é a que se refere ao inato e ao construído. Como acontece com a quase totalidade das dicotomias, também diante desta, duas são as atitudes mais frequentes.

Em primeiro lugar, uma espécie de fascínio natural por um dos termos envolvidos obscurece o significado das relações entre ambos e conduz a uma opção fácil, embora nem sempre bem fundamentada. É o que parece ocorrer, por exemplo, com as pretensas contraposições entre o Estático e o Dinâmico, ou entre o Antigo e o Moderno, entre outras. Há uma acentuada atração pelo Dinâmico, como pelo Moderno. O próprio Piaget dá margem, às vezes, a que epígonos menos atentos alimentem tal fascínio, quando afirma: "por minha parte, sinto-me profundamente kantiano, mas de um kantismo que nada tem de estático: as categorias não são dadas já feitas desde o começo; o meu kantismo é dinâmico, na medida em que cada categoria abre novas possibilidades, o que é muito diferente" (apud Piatelli-Palmarini, 1983, p. 194).

Paira no ar, por sobre as razões alegadas, uma valorização intrínseca de um dos elementos do par que representa a contraposição pretendida, em detrimento de outro componente.

É difícil resistir a uma paráfrase da arguta observação de Fernando Pessoa (1969, p. 310) nos versos iniciais de seu *Poema em linha recta*:

> Nunca conheci quem tivesse sido Estático ou Antigo. Todos os meus conhecidos têm sido Dinâmicos e Modernos em tudo.

Algo semelhante parece ocorrer no caso da contraposição inato × construído. A grande simpatia pelo construído tende a estigmatizar, em termos epistemológicos, as características inatas, como se elas consubstanciassem o resultado de uma ação divina sobre a qual não se pode interferir, limitando as possibilidades de uma ação pedagógica que visasse a todos os indivíduos, sem distinções. Com o esclarecimento das conotações associadas a tal contraposição, parece razoável a expectativa de diminuição das opções resultantes apenas do referido fascínio.

Em segundo lugar, os que resistem à opção fácil e perscrutam as raízes mais fundas dos termos envolvidos soem aportar em variadas tentativas de amalgamação entre os pares dicotômicos, ou de minimizações de sua importância. Nessas tentativas, uma competente retórica ocupa um lugar proeminente, de modo a evitar comparações com a conhecida caricatura lógica, bem ao gosto popular: "nem sim, nem não; muito pelo contrário".

A este respeito, no âmbito de um notável debate sobre o inatismo e o construtivismo, como o que ocorreu em 1978 entre Chomsky e Piaget, com a participação de mais de duas dezenas de eminentes personagens, especialistas nas mais variadas áreas do conhecimento, podemos registrar a ocorrência de declarações como as seguintes:

> (...) não existe oposição franca e total, com uma fronteira delimitável, entre o que é inato e o que é adquirido; toda a conduta cognitiva comporta uma parte de inatismo em seu funcionamento (...) (Piaget, apud Piatelli-Palmarini, 1983, p. 82).
>
> (...) toda concepção inatista é, no fim das contas, construtivista e deve encarar exatamente os mesmos problemas com que o construtivismo de Piaget tem que se defrontar, quando se lhe pergunta donde provêm originalmente os mecanismos de construção que ele invoca, e suas respectivas heurísticas (G. Cellerier, apud Piatelli-Palmarini, 1983, p. 100).

Ora, em nenhum momento o inatismo chomskyano pretendeu abarcar a linguagem humana em seu estado estacionário, após um desenvolvimento necessário que não se limita à maturação biológica, mas inclui explicitamente a dimensão epigenética; o caráter inato é reservado a um núcleo fixo, de natureza estrutural, onde se situariam as raízes da competência linguística. Apesar disso, muitas discussões estéreis têm sido levadas a efeito, onde a aparente querela é a oposição franca entre o "tudo é inato" ou "tudo é construído".

Em certo momento do debate supracitado, Chomsky divisou tal fato, chegando a afirmar:

> Tentarei inicialmente enfatizar um simples ponto de lógica, sem procurar resolver os problemas. Suponha-se que eu digo que alguma coisa é verde neste gabinete, e suponha-se que alguém responde: "Pois bem, eu acho que não é assim, porque há qualquer coisa que é branca". Ora, semelhante res-

posta não me garantiria que eu estava errado ao afirmar que havia algo que era verde no gabinete. Da mesma maneira, se digo que certas propriedades de utilização e estrutura da linguagem são determinadas no estado inicial por princípios específicos da linguagem, não estou convencido de incorrer em erro se me respondem que certos aspectos da utilização da linguagem e de sua estrutura estão vinculados a outros aspectos do desenvolvimento cognitivo — é um simples ponto de lógica (apud Piatelli-Palmarini, 1983, p. 177).

Não obstante tal aparte, com características de uma questão de ordem, ao passar em revista as conclusões do debate, centenas de páginas depois, pode-se perceber que o alerta foi quase inteiramente inócuo.

O caso da Matemática

No caso específico da Matemática, com relação à frase em exame, as questões até aqui apontadas revelam a relatividade extrema das conclusões que se pretende extrair dela. Com efeito, quando se afirma que "a capacidade para a Matemática é inata", mesmo levando em conta os mal-entendidos citados, relativos a capacidade e interesse, a inato, geral e específico, não seria razoável a expectativa de que o inatismo se referisse a toda a Matemática ou que as pessoas em geral desenvolvessem tal capacidade por mera maturação. Surpreendentemente, no entanto, o próprio Piaget, que há pouco relativizara a contraposição inato × construído, também afirma:

> Ora, esse inatismo da matemática apresenta-me um problema terrível: em que idade vamos encontrar essa manifestação do inatismo dos números negativos, dos números complexos etc. — aos 2 anos, aos 7 anos, aos 20 anos? E, sobretudo, por que diabo isso seria característico da espécie humana, se existem neste caso estruturas inatas necessárias? Por minha parte, tenho certa dificuldade em crer que as teorias de Cantor ou as teorias atuais das categorias já se encontrem pré-formadas nas bactérias ou nos vírus; alguma coisa teve que ser construída (apud Piatelli-Palmarini, 1983, p. 194).

Sem dúvida, podem ser registradas muitas contestações a este acesso dicotomizador, como as de Fodor:

> o nativista não está obrigado a dizer que os vírus conhecem a teoria dos conjuntos, assim como não se vê na obrigação de dizer que os vírus têm patas; não é pelo fato de os vírus não terem patas que estas não são especificadas de maneira inata (apud Piatelli-Palmarini, 1983, p. 194),

ou de Monod:

> Devemos dizer que a totalidade da matemática moderna, da matemática clássica e da matemática euclidiana é, de fato, inata? Naturalmente que não. Mas os procedimentos elementares lógicos que permitem construir devem, em meu entender, ser inatos (apud Piatelli-Palmarini, 1983, p. 201).

De qualquer forma, resulta claro que a frase em exame conduz a becos sem saída de variados tipos, sendo sua utilização problemática, tanto como asserção quanto como *slogan*.

De fato, se não se admitem predisposições inatas para o conhecimento matemático, que seria todo ele, desde os fundamentos, passível de construção a partir apenas de mecanismos gerais para o "funcionamento da inteligência", comuns a todos os indivíduos, como pretendeu Piaget,[10] isto deveria ter como consequência a ininteligibilidade do modesto desempenho em Matemática da grande maioria das pessoas. A menos que um desempenho satisfatório neste campo exigisse algum tipo particular de funcionamento da inteligência, não partilhado por todos. Esta especificidade, no entanto, teria características de uma solução *ad hoc*, e como nem todas as pessoas apresentam igualmente competências específicas para música ou poesia, por exemplo, haveria que reconhecer-se uma fatia de especificidade similar desta inteligência geral com relação a temas como estes. Resultaria daí uma fragmentação tal que terminaria por descaracterizar completamente os supostos mecanismos gerais do funcionamento da inteligência.

---

10. Conferir em Piatelli-Palmarini, 1983, p. 39.

Por outro lado, se se admitem predisposições inatas, como estas se referem aos procedimentos elementares, de natureza lógica, que são fundamentais também para o desenvolvimento da linguagem, resulta igualmente difícil compreender a razão da discrepância no desempenho da maioria das pessoas no aprendizado da Língua Materna e da Matemática: por que razão em um caso quase todos sobrevivem, enquanto no outro quase todos sucumbem?

1.5 "A Matemática justifica-se pelas aplicações práticas"

> As matemáticas têm invenções muito sutis e que podem servir bastante, tanto para contentar os curiosos como para facilitar todos os ofícios e diminuir o trabalho dos homens.
>
> R. Descartes, apud Lionnais, 1962, p. 351.

> O que mais me revolta nas matemáticas são as suas aplicações práticas.
>
> M. Quintana, 1986, p. 75.

> A tendência recente dos reformadores é racionalizar e não tornar mais concretas as matemáticas.
>
> J. Passmore, 1983, p. 170.

As frases examinadas até este ponto diziam respeito à natureza da Matemática e, como vimos, quando consideradas como proposições em sentido estrito, aproximam-se do estatuto de meras ficções. As que serão analisadas, a partir de agora, referem-se às razões pelas quais a Matemática é ensinada nas escolas, constituindo, conjuntamente, as duas vertentes básicas do discurso sobre a justificativa da presença desta disciplina nos currículos. Uma delas refere-se às aplicações práticas de Matemática; a outra associa automaticamente o seu ensino com o desenvolvimento do raciocínio.

Comecemos pela frase "A Matemática justifica-se pelas aplicações práticas".

Contribui decisivamente para aceitar-se tal afirmação o fato de a Matemática ser cada vez mais utilizada nos mais abrangentes setores do conhecimento. Da Linguística à Psicanálise, da Psicologia à Medicina, da Economia ao estudo da Comunicação Humana, da Biologia às Ciências Sociais, sem esquecer as aplicações decorrentes da histórica e natural associação da Matemática com as chamadas Ciências Exatas, como a Física, a Química, com a Engenharia, ou ainda as que resultam de uma acentuada tendência à informatização da sociedade, com a expectativa da onipresença dos computadores nas atividades humanas em futuro não muito distante, tudo isso parece corroborar a hipótese consubstanciada na frase em exame.

Embora o homem comum situe-se frequentemente ao largo das aplicações mais sofisticadas, permanecendo no nível das prosaicas utilizações da Matemática em sua contabilidade pessoal ou em questões de medidas, ele se vê continuamente bombardeado por múltiplas informações veiculadas por diferentes meios de comunicação, diariamente deparando com jornais ou revistas impregnados de dados numéricos, como porcentagens, taxas, gráficos, médias, probabilidades, grandes números, páginas esportivas etc. Assim, acostuma-se a conviver com essas manifestações epidérmicas da utilização da Matemática, e, na ausência de uma perspectiva mais medular, passa a utilizá-las como um referencial válido para a avaliação da pertinência dos diversos conteúdos curriculares ensinados na escola. Em consequência, não obstante o predomínio da impressão de que a Matemática não é indispensável para todas as áreas do conhecimento, ou para todos os setores da atividade humana, quando o homem comum dirige sua atenção para a Matemática escolar, passa a exigir dela alguma utilidade prática no sentido epidérmico suprarreferido. Levando em consideração que o seu ensino é compulsório e que, na maioria das vezes, não tem características suficientemente atraentes, tais exigências parecem bastante naturais.

Nessas tentativas de relacionar diretamente cada conteúdo matemático com uma aplicação imediatamente perceptível, muitas vezes engajam-se os próprios professores, que se sentem ora desestimulados em transmitir assuntos para os quais não encontram utilidade prática, ora excessivamente entusiasmados com temas epistemologicamente bem pouco significativos, apenas porque dispõem, para eles, de um arsenal de respostas para a previsível e incômoda questão "para que serve isto?".

Continuidade e Ruptura

Na verdade, o *leitmotiv* de tais tentativas é o fantasma da aparência de ruptura, de desvinculação entre a escola e a vida, o que estaria no cerne das dificuldades encontradas no ensino das diversas disciplinas, como tem sido sugerido com muita frequência. Costuma-se mesmo, de modo caricato, associar o conteúdo dos programas escolares a um conhecimento "livresco", "teórico", desvinculado da realidade, ao mesmo tempo em que se propõe centrar o ensino naquilo que realmente importaria, o que determinaria, nas diversas disciplinas, uma aproximação maior, um esforço de continuidade entre os temas escolares e os assuntos de interesse na vida prática.

Esses aspectos de ruptura e continuidade entre os programas escolares e os conhecimentos que parecem brotar da prática cotidiana não podem ser analisados, no entanto, no âmbito restrito das concepções do senso comum. Na maioria das vezes, a ruptura supostamente existente resume-se à superfície dos assuntos tratados; quase sempre, o recurso à evolução histórica das noções envolvidas conduz a uma visão mais orgânica das relações em questão, revelando um núcleo epistemológico de onde emerge uma continuidade insuspeitada pelos que se detêm na aparência.

Há outras situações, no entanto, em que as rupturas realmente existem e desempenham papel fundamental em termos de ensino: elas representam verdadeiramente a possibilidade de ultrapassagem do senso comum, da experiência imediata. Elas podem representar, ainda, uma reelaboração, no nível das concepções, que conduz a uma transposição dos limites do conhecimento estabelecido, uma visão do mar que só se consegue da gávea, nunca com os pés no chão do convés.

A despeito de um possível acordo com relação ao significado epistemológico das rupturas, o verdadeiro nó górdio da questão da aplicabilidade situa-se alhures: seria possível determinar *a priori*, quando o conhecimento ainda está em vias de construção, o que é aplicável e o que não é? A aplicabilidade refere-se sempre a um período historicamente situado, tendo suas fronteiras delimitadas quase sempre pelos recursos tecnológicos disponíveis. E, frequentemente, tal noção tem-se revelado leviana, volúvel ou volátil. De fato, a observação atenta de um período histórico bastante longo revela, sem deixar margem a dúvidas, que, em certos assuntos, aquilo que constituía uma aplicação significativa em determinado período, em momentos posteriores torna-se quase que inteiramente desprovido de sentido prático; outros assuntos, originariamente desprovidos de quaisquer intenções práticas, soem inserir-se em cadeias conceituais de outra origem e transformar-se paulatinamente em matrizes para notáveis aplicações práticas, *a priori* inimaginadas ou inimagináveis.

Vamos dar exemplos de tais ocorrências para que nossa análise ganhe em concretude, ainda que, para evitar demasiada tecnicidade, corramos o risco calculado de simplificações excessivas. Comecemos com o da *agulha de Buffon*.

A Agulha de Buffon

O Conde de Buffon[11] viveu no século XVIII e foi um destacado naturalista francês. Escreveu obras de grande porte e relevo entre as quais uma *História Natural*, em trinta e seis volumes. Embora o interesse pela Matemática tenha sido inteiramente periférico à sua obra, em 1777 publicou um pequeno ensaio relacionado com o cálculo de probabilidades,[12] onde se encontra um curioso problema, mais tarde conhecido como Problema da Agulha de Buffon, que descreveremos a seguir.

Problema da agulha de Buffon

Uma agulha de comprimento a é mantida horizontalmente a certa altura de uma folha de papel, também horizontal, onde se encontram riscadas retas

---

11. Seu verdadeiro nome era George Louis Leclerc (1707-1788) tendo sido nomeado Conde de Buffon por Luís XV. O exemplo em exame baseia-se em Santaló (1984).

12. Seu título era *Essai d'Arithmétique Morale*.

paralelas, espaçadas por uma distância d (d não é menor do que a). Abandonando-se a agulha ao acaso, de certa altura, ao cair sobre o papel, é possível que ela corte alguma das retas riscadas ou que se situe completamente entre duas delas. Qual a probabilidade de que ela corte alguma das retas?

Para responder à questão proposta, pode-se abandonar a agulha repetidamente e contar o número de vezes que ela corta alguma das retas do papel; dividindo-se este número pelo total de vezes em que a agulha foi abandonada, obtém-se uma estimativa da probabilidade pedida. Não era esta, no entanto, a intenção de Buffon. Ele se interessou pela obtenção de uma fórmula que possibilitasse a determinação indireta, *a priori*, de tal probabilidade, sem realizar o experimento. E utilizando raciocínios elementares envolvendo ângulos e áreas de figuras planas, tudo inteiramente ao alcance de um aluno do semestre inicial dos atuais cursos universitários, chegou à expressão[13]

$$p = \frac{2a}{\pi d}$$

onde p é probabilidade procurada

  a é o comprimento da agulha

  d é a distância entre duas das retas paralelas e

  π é o número que expressa a razão entre o comprimento de qualquer circunferência e o diâmetro correspondente, cujo valor aproximado é 3,1416.

Observando-se a fórmula obtida por Buffon, chama a atenção o fato, provavelmente inesperado, de tropeçarmos no número π, tão notavelmente associado a circunferência ou a círculos, ao deixar cair agulhas sobre uma folha de papel listrado. Em particular, quando se utiliza como distância entre as retas paralelas o dobro do comprimento da agulha (d = 2a), resulta que $p = \frac{1}{\pi}$, e como o valor de π é próximo de 3,

---

13. Para uma justificativa de tal expressão, ver Gnedenko (1969, p. 37).

é possível afirmar-se que, em um grande número de experimentos, a agulha cortará uma das linhas e, aproximadamente, um terço das vezes.

Que significado prático parece ter um conhecimento de tal natureza? No século XVIII, quem poderia vislumbrar qualquer tipo de aplicabilidade para o curioso problema proposto por Buffon? As respostas parecem ser, respectivamente, nenhum e ninguém. É verdade que Laplace, por volta de 1812, observou que seria possível fazer um uso do cálculo de probabilidades para determinar o comprimento de curvas ou medir áreas de superfície, mas ele mesmo não alimentava grandes expectativas nesta direção, inclusive tendo afirmado que, "sem dúvida, os geômetras jamais empregarão este meio" (apud Santaló, 1984, p. 29).

Ao longo do século XIX, desenvolveu-se uma variante do problema proposto por Buffon: abandonando-se uma agulha, um grande número de vezes, sobre um papel como o antes descrito e determinando-se empiricamente o valor da probabilidade de intersecção da agulha com uma das retas, com o recurso à fórmula $p = \frac{1}{\pi}$, pode-se calcular um valor aproximado para π. Como se sabe, π é um número irracional, tendo uma infinidade de casas decimais. Para finalidades práticas, são utilizados valores aproximados, de acordo com a precisão exigida. O problema de Buffon teria, então, conduzido a uma insólita maneira de calcular aproximações para π.

Por mais extravagante que isto possa parecer, não foram poucos os pesquisadores que se dedicaram a esta tarefa, tendo obtido aproximações bastante aceitáveis para π. Indicamos abaixo alguns dados experimentais relativos a tais pesquisas.[14]

PESQUISADOR	ANO	NÚMERO DE EXPERIMENTOS	VALOR DE π
Wolf	1850	5.000	3,1596
Smith	1855	3.204	3,1553
Fox	1894	1.120	3,1419
Lazzarini	1901	3.408	3,1415929

---

14. Tabela extraída de Gnedenko (1969, p. 38).

É inegável, no entanto, que o significado prático de tais determinações do valor de π é muito tênue ou inexiste. Há muitas outras maneiras de se chegar a tal valor, desde o trivial, embora impreciso, cálculo direto da razão entre o comprimento de uma circunferência e seu respectivo diâmetro, até outros cálculos mais sofisticados e mais precisos, há muito desenvolvidos, como a utilização de séries de potências ou frações contínuas.[15] Com o advento dos computadores, cálculos como esses podem ser efetuados com grande rapidez, conduzindo ao valor de π, com praticamente tantas casas decimais quantas desejarmos. Diante de tais recursos, a alternativa decorrente do Problema de Agulha de Buffon não parece passar de mero arremedo.

Na trilha do profético vislumbre laplaciano, no entanto, uma outra face do problema revelou-se extremamente fecunda. Com efeito, parece natural mesmo a um aluno da escola básica que a fórmula $p = \dfrac{2a}{\pi d}$ pode fornecer o valor de a desde que sejam conhecidos os valores de π, p e d.

$$a = \frac{\pi d p}{2}$$

Dizendo-se de outra maneira, se determinarmos empiricamente o valor de p e conhecermos os valores de π e d, poderemos estimar o comprimento a da agulha. Esse procedimento pode ser especialmente útil em casos onde a agulha transfigura-se em um bastonete, ou uma formação linear qualquer, de natureza biológica, inacessível a uma medição direta de seu comprimento. Em situações como essas, as retas paralelas sobre uma folha de papel podem transformar-se em um feixe plano de radiações paralelas (raios X, *laser* ou outro), disparado sucessivamente em um grande número de diferentes direções sobre o objeto linear, cujo comprimento se deseja determinar. Em outras palavras: na impossibilidade de jogar a agulha sobre as linhas, jogam-se as linhas sobre a agulha. Os feixes que atravessam a agulha são identificados através da medida da intensidade dos raios na emissão e na recepção. O valor da probabilidade p é calcula-

---

15. Em Lionnais (1962, p. 104) encontra-se uma tabela construída já em 1874 com o valor aproximado de π utilizando-se 707 casas decimais.

do contando-se os feixes que cruzam a agulha e dividindo-se o seu número pelo total de feixes emitidos. Assim, o comprimento a pode ser determinado de maneira inteiramente indireta, utilizando-se a fórmula suprarreferida.

Na exploração desta outra face da questão proposta por Buffon, foram conduzidos os trabalhos de muitos pesquisadores, culminando em 1979 com a atribuição do prêmio Nobel de Medicina, conjuntamente, a um físico e a um engenheiro.[16] Apoiados em resultados obtidos por um matemático que os precedeu em cerca de 20 anos,[17] eles tornaram possível a utilização comercial dos aparelhos de tomografia computadorizada, com notáveis aplicações na Medicina, na Biologia Molecular e com extensões importantes no campo da Radioastronomia.

Na raiz de todos estes desdobramentos está a investigação circunspecta da queda de uma agulha sobre uma folha de papel. Duzentos anos antes, isto não passava de um problema curioso, desprovido de qualquer interesse prático.

Este relato, de aspecto extraordinário, nada tem de singular; muitos outros exemplos da mesma estirpe poderiam ser arrolados, envolvendo diferentes temas matemáticos, variadas épocas e distintos personagens. Isto pode sugerir o porte das dificuldades a serem enfrentadas pelos que se dispõem a distinguir categoricamente o que é aplicável e o que não o é, bem como os riscos decorrentes da determinação de ensinarem-se nas escolas apenas os conteúdos para os quais se encontram efetivas possibilidades de aplicação.

Transmutações de significados

Ainda com relação à aplicabilidade, é importante destacar as características de inconstância, a volubilidade de tal noção. Com efeito, além

---

16. São o engenheiro inglês G. N. Hounsfield e o físico M. Cormack. Conferir com Santaló (1984, p. 31).

17. Trata-se do matemático alemão J. Radom, 1887, p. 1956.

da possibilidade da emergência de sentidos originariamente insuspeitados em conteúdos eivados de puros devaneios, como parecia ser o caso da Agulha de Buffon, em outros casos chama a atenção a frequência com que ocorrem transmutações em seus significados práticos.

Examinemos agora, ainda que de passagem, um exemplo concreto de ocorrência deste tipo.

Os Logaritmos apareceram na Europa no início do século XVII. Desde a segunda metade do século XVI, as grandes navegações marítimas, com suas necessidades de orientação nos oceanos, bem como o florescente comércio a elas associado, onde era usual a utilização de juros compostos, geraram a necessidade de técnicas simplificadoras para os volumosos cálculos envolvidos nessas atividades. Como se sabe, o logaritmo de um número é apenas o nome dado ao expoente de sua representação como potência de uma base previamente escolhida. Assim, se para multiplicar potências de uma mesma base basta somar os respectivos expoentes, então para multiplicar dois números basta somar os logaritmos correspondentes, o que significa que multiplicações são transformadas em adições. Com um procedimento análogo, divisões são transformadas em subtrações, potenciações em multiplicações, radiciações em divisões etc. Assim, a justificativa original para a aprendizagem dos logaritmos era sua notável utilidade prática na simplificação de cálculos frequentemente astronômicos, literal e metaforicamente, e no contexto histórico do qual eles emergiram, tornaram-se ferramenta preciosa.

Até os dias atuais, decorridos quase quatro séculos, os logaritmos ainda são ensinados nas escolas. No entanto, o professor que pretender justificar o seu estudo tendo em vista as simplificações nos cálculos, não corre o risco de ser desacreditado pelos alunos: sê-lo-á com toda a certeza. A crescente utilização de máquinas calculadoras eletrônicas relativizou em demasia o significado prático da simplificação dos cálculos, e insistir nesse ponto parece um procedimento inteiramente extemporâneo. É possível argumentar sobre a continuidade do seu ensino, em função da necessidade de compreensão dos processos de cálculo, para possibilitar uma postura crítica diante das realizações das máquinas. Apesar de pertinente, tal argumentação, no entanto, é absolutamente secundária, diante do seguinte fato: hoje há novas e importantes aplicações dos logaritmos, substancialmente distintas daquelas que motivaram o seu estudo originariamente. A julgar pelas aplicações, atualmente os logaritmos são muito mais justificáveis do que no século XVII. De fato, para fundamentar tal afirmação bastaria unicamente lembrar seu emprego no tratamento matemático de fenômenos tão variados como os que envolvem o crescimento de populações, a propagação de doenças, a cinética química, a desintegração radioativa etc. Em cada um destes domínios, os modelos matemáticos mais simples envolvem uma grandeza que cresce ou decresce em uma rapidez que é proporcional ao próprio valor da grandeza em cada instante. Trata-se, em outras palavras, de um crescimento ou decrescimento exponencial, onde sempre comparece a função exponencial e sua necessária contrapartida, os logaritmos.

De um modo geral, a importância dos logaritmos cresce paralelamente ao desenvolvimento do Cálculo Diferencial e Integral, do século XVII até os dias atuais. Mais modernamente, após a extensão da noção de logaritmo até os números complexos, sua utilização tem sido fundamental na construção de certos tipos de mapas geográficos especialmente úteis no auxílio à navegação.

É deveras curioso que um professor de Matemática possa alegar como justificativa para o ensino dos logaritmos hoje, como no século XVII, suas aplicações práticas à navegação. Quão tortuoso foi o caminho até esta enganadora concordância, de natureza epidérmica. Como vimos, a explicitação das razões subjacentes em um e outro caso revela argumentos substancialmente distintos, o que parece suficiente para eivar a legitimidade da justificativa do ensino de qualquer assunto, a partir apenas de um conjunto de aplicações práticas, com fronteiras tão indefinidas.

Para não nos alongarmos em demasia neste ponto, desviando-nos de nossos objetivos principais, citemos apenas mais uma situação semelhante à dos logaritmos, com o único intuito de sugerir que os exemplos poderiam ser multiplicados com relativa facilidade: trata-se do estudo dos números complexos.

Desde as primeiras manifestações, no século XVI, ao longo de todo o difícil percurso que conduziu à sua aceitação como verdadeiros números, no final do século XVIII, os números complexos sempre estiveram associados à resolução de equações algébricas, das quais se originavam como raízes necessárias. Ainda hoje eles costumam ser assim apresentados aos alunos da escola básica, em nível de 2º grau. Hoje, no entanto, os números complexos são utilizados, primacialmente, em aplicações práticas muito mais nobres, como as já citadas construções de mapas, em colaboração com os logaritmos, ou então em estudos de escoamento de fluidos, relacionados por exemplo com a determinação da forma mais adequada para a seção da asa de aviões, uma invenção concebida em pleno século XX.

Através de exemplos como esses é possível perceber a fragilidade da justificativa da aplicabilidade para a legitimação dos diversos temas tratados na escola básica. O elogio da continuidade com o dia a dia, juntamente com a elisão das mais legítimas dimensões das rupturas com a prática imediata, constituem visões parciais das funções do ensino. Através delas, não se pode pretender senão a reprodução do *statu quo* ou a cristalização das noções do senso comum.

Naturalmente, em termos de ensino, é desejável que os conteúdos de que tratam os programas escolares sejam apresentados aos alunos de modo a evidenciar seus vínculos com a realidade concreta, historicamente situada. Este recurso à História — não à história de povos, épocas ou personagens eventualmente interessantes, mas à história do desenvolvimento das ideias, dos conceitos, do modo como o conhecimento foi produzido — é quase sempre suficiente para revelar uma continuidade essencial com relação ao significado dos temas tratados. E insistimos no fato de que tal continuidade não significa apenas uma subordinação da Matemática escolar às exigências do dia a dia. Tivemos oportunidade de observar nos exemplos apresentados como tal subordinação acarreta limitações intrínsecas inevitáveis.

Existem, portanto, necessidades e limites para a continuidade e a ruptura com a prática imediata nos sentidos descritos anteriormente. De fato, assentado na tensão constante entre estes dois polos está o palco onde se desenvolve o trabalho do professor.

Administrar tal tensão, tirando proveito tanto dos aspectos motivacionais, da sensação de engajamento que a continuidade propicia, quanto das possibilidades de prospecção, da ousadia, do risco calculado que uma ruptura necessária enseja, é a componente básica da tarefa pedagógica. Faz parte, então, das atribuições do professor saber lidar com estes dois momentos da produção do conhecimento, explorando a continuidade como a deflagradora natural do processo de ensino, onde a ruptura surge como uma possibilidade também natural, em decorrência da formação de uma consciência crítica.

Pretender-se, então, uma continuidade absoluta entre a Matemática escolar e suas aplicações práticas não pode ser mais do que uma postura ingênua que importa transcender, e que a aceitação acrítica da frase em exame contribui para perpetuar.

1.6 "A Matemática desenvolve o raciocínio"

> Toda a arte de raciocinar se reduz à arte de falar bem.
>
> E. Condillac, 1984, p. 112.

> O desenvolvimento da capacidade de pensamento lógico não está de modo algum ligado a ela (a Matemática).
>
> C. G. Jung, apud Huntley, 1985, p. 18.

Voltemo-nos, agora, para a frase que parece mais solidamente estabelecida no senso comum, dentre as que examinamos até aqui, e que é considerada uma das razões mais relevantes para que a Matemática seja ensinada nas escolas: "A Matemática desenvolve o raciocínio". Frequentemente, em sua enunciação, o termo *raciocínio* comparece ornado pelo adjetivo *lógico*. No entanto, mesmo quando isto não ocorre, na maior parte das pessoas há uma concordância implícita na associação do ensino da Matemática com o desenvolvimento do raciocínio lógico. Nossos ouvidos acostumaram-se com isso desde muito cedo, moldados pelos discursos tanto dos professores como das pessoas em geral, sobretudo ao justificarem a imposição a todos os alunos de uma disciplina que não atrai espontaneamente senão um pequeno contingente deles.

Historicamente, em todas as épocas muitos filósofos contribuíram para corroborar a legitimidade de tal associação. Ao pensarem o mundo, erigiram sistemas filosóficos em que os papéis desempenhados pela Matemática ou pela Lógica são absolutamente fundamentais. Platão, Aristóteles, Descartes, Leibniz, Kant são apenas alguns exemplos. Assim, se por um lado, no nível do senso comum, pensar e filosofar sempre se situaram semanticamente em zonas próximas, por outro lado a natural e frequente aproximação entre Matemática e Filosofia completa uma ponta que favorece a associação de significados entre o pensamento *lato sensu* e o pensamento matemático. Em consequência, contribui para a aceitação natural do fato de que o estudo da Matemática desenvolve a capacidade de pensar.

Embora existam discordâncias a respeito de sua aceitação, como são as traduzidas pelas epígrafes citadas de Condillac e Jung, de uma maneira geral, a associação primária do pensamento matemático com o pensamento lógico tem características dominantes, o que justifica plenamente a análise crítica que se pretende realizar.

É importante ressaltar a enorme distância entre este acordo dominante, no nível do discurso, sobre a capacidade de desenvolvimento do raciocínio associada à Matemática e as ações concretas dos professores, em suas salas de aula. De fato, praticamente inexiste qualquer resquício de consciência sobre tal associação, na grande maioria dos casos. Sua aceitação resulta, essencialmente, de um ato de fé. O professor de Matemática, no desempenho de suas funções, muitas vezes acredita com sinceridade no *slogan* que aprendeu a repetir, embora se resigne a não compreender explicitamente como o tratamento dos diversos assuntos do programa contribui efetivamente para que os alunos raciocinem melhor.

A propósito deste fato, uma interessante observação de Skinner (1972, p. 244), embora retirada de outro contexto, traduz a sensação do professor, diante da frase em exame: "O professor a quem foi dito que deve desenvolver o raciocínio não sabe realmente o que fazer".

Assim, segue desenvolvendo os conteúdos programáticos previstos, ano após ano e, mesmo utilizando formas de abordagem interessantes, com relação à finalidade anunciada ele "nunca saberá se conseguiu ou não realizar a tarefa" (Skinner, 1972, p. 244).

A eliminação de tal distância entre o discurso e a ação só é possível através de uma maior consciência dos mecanismos que relacionam o ensino dos diversos conteúdos com o desenvolvimento da capacidade de pensar logicamente, o que se busca nesta análise.

Para que resulte mais clara a questão que se analisa, com todas as letras é bom que se afirme que não está em discussão o fato óbvio de que o ensino da Matemática contribui para o desenvolvimento do raciocínio. Na verdade, o ar que respiramos ou os alimentos que nos mantêm vivos também contribuem para isso. O que se questiona é o superdimensionamento do papel da Matemática, ou mesmo uma suposta exclusividade às vezes insinuada na associação entre este assunto e o desenvolvimento do raciocínio. De modo geral, em termos de conhecimento, o aprendizado de qualquer conteúdo apresenta situações que favorecem o pensamento lógico, da Física à Linguística, da Biologia à História, da Economia à Literatura. Dependendo da forma de abordagem, um curso de História, por exemplo, pode-se mostrar especialmente propício para o exercício do raciocínio, enquanto, por outro lado, um curso de Matemática em que o conhecimento é revelado de modo mágico, sem qualquer vestígio de uma construção, oferece poucas contribuições neste sentido.

Na verdade, o exercício do raciocínio favorece a organização do pensamento, e para isso qualquer tema pode ser utilizado como veículo. O acompanhamento cuidadoso mesmo de um texto de natureza teleológica, como é a *Suma Teológica*, de Santo Tomás de Aquino, pode desempenhar importante papel no desenvolvimento da capacidade de argumentar.

Há, no entanto, dois temas com características singulares no que diz respeito ao desenvolvimento do raciocínio: a Língua Materna e a Matemática. E não parece haver dúvidas sobre qual dos dois temas mais cedo começa a exercer influência sobre a organização do pensamento, na escola, ou fora dela, o que nos conduz à questão fulcral a ser examinada, que é a seguinte: a fonte primária para o desenvolvimento do raciocínio não é a Matemática, mas sim a Língua Materna. Isto significa que a Matemática, a despeito de sua contribuição singular, de grande importância e irredutível à da Língua Materna, conforme veremos, caracteriza-se como fonte secundária para o raciocínio lógico. Por mais óbvio que possa parecer, insistimos em que, neste contexto, secundária não significa de menor importância, mas apenas que surge em segundo lugar, inclusive sendo influenciada pela fonte primária.

Para fundamentar esta afirmação, vamos recorrer à observação dos primórdios da Lógica Formal e a uma comparação sumária entre o pensamento oriental e o pensamento ocidental.

Origens da Lógica

Comecemos com uma brevíssima incursão na história da Lógica. É comum associar-se a origem da Lógica aos trabalhos de Aristóteles, no século IV a.C. Naturalmente, essa época não marca início do pensamento lógico, mas apenas o do discurso sobre ele. A esse respeito já se disse, em tom de chiste, que não é verdade que Deus criou o homem, deixando a Aristóteles a incumbência de torná-lo racional. Mas é com o estagirita que a Lógica se organiza, que são estabelecidas regras para a clarificação do discurso, para a caracterização das formas válidas de argumentação. Tal organização ocorre em perfeita sintonia com a estruturação da língua grega, tanto sincrônica quanto diacronicamente.

De fato, alguns marcos importantes parecem corroborar a referida sintonia: enquanto a origem do alfabeto fonético situa-se em algum ponto entre os séculos XX e X a.C., o alfabeto grego surge apenas por volta do século VIII a.C., a partir daí, sofrendo adaptações sucessivas até estabelecer-se em sua forma clássica, por volta do século V a.C.[18] Isto significa que a sistematização da Lógica proveniente dos trabalhos de Aristóteles, no século IV a.C., ocorre na sociedade grega, quase contemporaneamente e de forma estreitamente relacionada com as profundas transformações que ocorriam na estruturação da própria língua grega.

Podemos perceber, então, que em suas origens, a Lógica aristotélica tem poucos vínculos com a Matemática; em vez disso, fixa decisivamente suas raízes nas facetas mais características do idioma grego. E são

---
18. Ver, a respeito, Goody et al., 1963, p. 312-16.

justamente as categorias básicas desta Lógica, como os princípios da identidade, da não contradição e do terceiro excluído, que desempenham um papel determinante na constituição do pensamento ocidental, servindo-lhe de verdadeiras balizas.

Muitos séculos ainda iriam decorrer até que uma moderna Lógica Simbólica viesse estabelecer sólidos vínculos com a Matemática. Apesar de manter suas raízes em terrenos francamente aristotélicos, com certa frequência tal estreita vinculação tem conduzido a uma visão hipertrofiada do papel da Matemática no estudo da Lógica. Muitos estudos modernos da Psicologia, que tratam do desenvolvimento do raciocínio lógico em crianças, apresentam a síndrome de tal hipertrofia, identificando a Lógica do pensamento com a Lógica Simbólica e procurando compreender os mecanismos do raciocínio confrontando-os com expectativas ditadas por padrões formais. A maior parte deles tropeça, naturalmente, em dificuldades de cunho linguístico na comunicação com as crianças.

Pensamento Oriental × Pensamento Ocidental

Um outro argumento para a fundamentação do fato de a Língua Materna, e não a Matemática, ser a fonte primária para a Lógica pode ser construído a partir da observação das notórias diferenças nas formas de pensamento ocidental e oriental e de sua associação às características linguísticas subjacentes em um e em outro caso.

De maneira geral, os pensadores ocidentais sempre identificaram a sua lógica com a lógica universal da humanidade. O próprio Kant parece ter sucumbido à tentação de tal identificação, quando pretendeu tratar das categorias universais do processo intelectual a partir da análise exclusiva da face ocidental do problema.[19] E se, excepcionalmente, aqui e ali, alguns estudos são realizados levando em consideração as diferenças específicas nos dois modos de pensar, sem resvalar para a caracterização de um deles como estrambólico e a consequente hipertrofia na importân-

---

19. Ver, a respeito, texto de Chang Tung-Sun, apud Campos, 1977, p. 191.

cia do outro, a regra tem sido a viciada subsunção do pensamento *lato sensu* pelo pensamento ocidental.

Naturalmente, não será possível realizar aqui uma exegese das diferenças entre o pensamento oriental e o ocidental, tanto por uma questão de oportunidade, quanto — e fundamentalmente — por uma questão de fôlego e competência para isso. Não obstante, vamos procurar ilustrar a natureza das referidas distinções, examinando um único ponto de origem linguística, na vertente oriental e ocidental do pensamento, bem como as derivações de natureza lógica levadas a efeito a partir dele. Trata-se da estrutura das frases nas línguas ocidentais e numa língua oriental, como o chinês.

Historicamente, vimos que a sistematização da Lógica surge quase contemporaneamente à constituição da Gramática e a organização da língua grega, por volta do século IV a.C. A Lógica aristotélica baseia-se, naturalmente, na gramática grega e, em particular, na estrutura de suas frases. Neste sentido, não há discrepâncias radicais entre o grego, o latim, o francês, o inglês, o alemão, o português, o espanhol, ou, de modo geral, entre as línguas indo-europeias. O tipo básico de proposição em tais línguas tem a forma sujeito-predicado. O sujeito é, de modo geral, indispensável à frase, sendo o motor de sua constituição. Orações sem sujeito são anomalias no sentido mais puramente etimológico do termo, ao mesmo tempo que a busca de explicitação do predicado faz com que o verbo *ser* desempenhe papel fulcral: todos os demais verbos parecem legitimar-se através de redução ao verbo *ser*. Uma frase como "Joaquim caça", mesmo sem transformações explícitas, é traduzida como se afirmasse "Joaquim é caçador", e assim por diante.

Na língua chinesa, no entanto, as frases são organizadas de modo radicalmente diverso. Os caracteres ideográficos chineses não representam, de modo geral, sujeitos ou atributos isoladamente, mas essencialmente relações ou inter-relações. A estruturação das frases também é de natureza relacional. A ordem das palavras, juntamente com o emprego de palavras auxiliares, vazias de significado, é suficiente para determinar as relações gramaticais, dispensando flexões como gênero, número, tempo verbal etc. O sujeito, embora possa existir, não é essencial numa sentença chinesa, ficando, muitas vezes, subentendido. E o verbo *ser*, que desempenha papel tão determinante nas línguas ocidentais, simplesmente inexiste no chinês clássico.[20] O padrão comum da sentença chinesa, que consiste em um tópico seguido de comentário, dispensa-o completamente. Por exemplo, uma frase típica seria: "Joaquim, olhos de águia".

Este simples ponto de partida para a comparação das características dos modos de pensar subjacentes às diferenças linguísticas tem uma importância fundamental, frequentemente ignorada ou subestimada. De fato, é na justa medida que o verbo *ser* ocupa o centro das atenções, que noções como as de identidade, causalidade ou substância passam a desfrutar de um prestígio extraordinário, assumindo o papel de verdadeiras balizas para o pensamento ocidental. Em contrapartida, na China, esvazia-se a noção de identidade, a analogia sobrepõe-se à inferência causal e não existe vestígio da noção de substância. Nem mesmo a palavra *substância* é encontrável em chinês.

Para esclarecer um pouco mais o que se afirmou, com mais vagar examinemos como a estrutura de uma frase de aparência tão ingênua como "A é B" pode relacionar-se com as noções acima referidas. Claramente, a noção de identidade situa-se em uma raiz, irradiando-se em todas as direções, por meio do papel desempenhado pelas definições no quadro de conhecimento ocidental. Por exemplo, quando se afirma que "um quadrado é uma figura com quatro ângulos retos e quatro lados iguais" pretende-se o estabelecimento de uma equação, onde o segundo membro pode substituir o primeiro e vice-versa. Tanto a abrangência, quanto os problemas filosóficos decorrentes do abismo situado entre esta possibilidade de identificação e a desconcertante evidência de que uma coisa só pode ser verdadeiramente igual a ela mesma são amplamente reconhecidos. Segundo o lógico De Morgan: "As palavras 'é' e 'não é' que acarretam a concordância ou a discordância entre duas ideias, devem existir, explicitamente, em toda asserção (...) A utilização do termo 'é' de modo absoluto conduziria à distinção entre forma e matéria em tudo o

---

20. Para um interessante comentário a respeito, ver Yu-Kuang Chu (apud Campos, 1977, p. 247).

que existe, ou mesmo as possíveis forma e matéria de tudo o que não existe, mas poderia" (apud Korzybski, 1933, p. 3).

Por outro lado, conforme sublinha o filósofo Santayana: "A palavra 'é' tem suas tragédias, ela reúne e identifica coisas diferentes com grande inocência; e ainda que duas coisas nunca sejam idênticas, existe um encanto nesta união, em considerá-las uma só, mas também existe o perigo. Quando eu uso a palavra 'é', salvo em simples tautologia, eu estou abusando dela" (apud Korzybski, 1933, p. 3).

Ao longo da História não faltaram aqueles que, respeitosamente, reconheceram tais dificuldades, enfrentando-as sem tergiversações, como Wittgenstein, ou procurando evitá-las, como Shakespeare. Do primeiro, citemos apenas que sete das dez frases iniciais de seu singular *Tractatus Logico-Philosophicus* utilizam o verbo *ser*;[21] a primeira delas, por exemplo, estabelece que *O mundo é tudo o que ocorre*. Quanto a Shakespeare, a despeito da aparência de enfrentamento decorrente da frequência com que o antológico desabafo hamletiano é citado — *Ser ou não ser... Eis a questão* —, a julgar pela parcimônia com que utiliza o verbo *ser* em sua obra, ele intencionalmente procura alternativas. E há mesmo quem derive deste fato a especial riqueza de seu inglês, como Fenollosa:

> Tive de descobrir por mim mesmo por que o inglês de Shakespeare era tão incomensuravelmente superior ao de todos os outros. Verifiquei que era devido ao uso persistente, natural e magnificente de centenas de verbos transitivos. Raramente se há de encontrar um "é" (is) em suas sentenças (apud Campos, 1977, p. 145).

Quanto à noção de substância, situada a um tempo nas origens tanto da ciência quanto das religiões ocidentais, sua associação com o verbo *ser* também é primária. Com efeito, segundo o filósofo chinês Chang Tung-Sun,

> quando dizemos, por exemplo, "isto é amarelo e duro", a "amarelidão" e a "dureza" constituem os chamados atributos de uma coisa qualquer, que no

---

21. Conferir com Wittgenstein, 1968, p. 55.

caso presente é "isto". A "coisa" geralmente é o *substractum*. Com o *substractum* surge a ideia de "substância". A ideia é, na verdade, o fundamento ou a fonte de todos os outros desenvolvimentos filosóficos. Havendo uma descrição qualquer, ela passa a ser atributo. Um atributo deve ser atribuído a uma substância, de modo que a ideia de substância é absolutamente indispensável ao pensamento, assim como o sujeito é absolutamente indispensável à linguagem. Por isso, na história da Filosofia Ocidental, por mais diferentes que possam ser os argumentos, favoráveis ou contrários à ideia de substância, o que constitui o problema central é essa mesma ideia de substância (apud Campos, 1977, p. 204).

Ainda a esse respeito, o seguinte trecho de Yu-Kuang Chu representa uma verdadeira síntese do que se alinhavou até este ponto:

A proposição com sujeito e predicado dá origem aos conceitos filosóficos de substância e atributo. O estudo da substância leva à concepção de ser supremo em religião e de átomos em Ciência. Do conceito de substância derivou a ideia de causalidade, que por sua vez dá origem à Ciência. De modo que as categorias do pensamento ocidental são identidade, substância e causalidade, determinadas talvez, todas as três, pelo padrão das sentenças nas línguas ocidentais (apud Campos, 1977, p. 246).

A despeito da necessidade de cautela para que sínteses de aparência tão fecunda não degenerem em mero mecanicismo no estudo das determinações da Lógica pela Língua, hoje já parece indiscutível o fato de que o pensamento oriental e o ocidental ostentam molduras lógicas substantivamente distintas. Em tempos recentes, a própria Ciência ocidental, sobretudo através da moderna Física das partículas, tem ensaiado a incorporação de algumas características do modo de pensar oriental, em razão de certas questões embaraçosas, para as quais o pensamento ocidental limitou-se a conceder não ter registro.[22] Embora o recurso a tais expedientes tenha ocorrido em situações isoladas, a utilização entre filósofos ou cientistas ocidentais de elementos constitutivos de uma razão alternativa, cuja legitimidade se ampara em demonstrações de fecundi-

---

22. Ver, a esse respeito, Capra, 1985.

dade cada vez mais frequentes, pode constituir interessante indício de uma promissora confluência dos dois modos de pensar.

Diante do que foi analisado até este ponto, parece claro que, em cada cultura, a forma como o pensamento se organiza está diretamente relacionada com as estruturas básicas da Língua correspondente. No desenvolvimento do raciocínio lógico, a Língua Materna funciona, indubitavelmente, como a fonte primária, com uma importância no ensino básico que transcende em muito a da própria Matemática. Assim, a adesão ao *slogan* "A Matemática desenvolve o raciocínio", com todas as conotações que lhe são peculiares, deveria exigir bem mais cautela do que costumeiramente exige.

1.7 Síntese provisória: Matemática — significado e funções

> (...) a separação entre as "letras" e a matemática parece refletir uma dualidade inerente à realidade humana, e sua colocação em questão, desde que não seja somente o objeto de discussões acadêmicas e, por assim dizer, intraliterárias, desde que ela toma corpo numa prática efetiva, tem o efeito de uma violação de tabus.
>
> Ducrot, 1981, p. 46.

Todos os caminhos por onde enveredamos nas análises realizadas até este ponto confluíram naturalmente para considerações de cunho linguístico. Embora seja inegável que a Matemática tem um significado específico e funções características, diretamente relacionadas com ele, parece muito difícil compreenderem-se ambos, significado e funções, sem o contraponto proporcionado pela Língua Materna. Com efeito, tal como do ponto de vista biológico, ao estudarem-se as funções do coração, a diástole e a sístole são identificadas como dois movimentos distintos, bem caracterizados, que visam ao mesmo fim, mas que não podem ser confundidos, do ponto de vista epistemológico a Matemática e a Língua Materna representam elementos fundamentais e complementares, que constituem condição de possibilidade do conhecimento, em qualquer setor, mas que não podem ser plenamente compreendidos quando considerados de maneira isolada.

Conforme examinaremos mais detidamente no capítulo seguinte, tanto a Matemática quanto a Língua Materna constituem sistemas de representação, construídos a partir da realidade e a partir dos quais se constrói o significado dos objetos, das ações, das relações. Sem eles, não nos construiríamos a nós mesmos enquanto seres humanos.

De um modo geral, há um acordo quanto à associação da capacidade para a linguagem com o que há de mais caracteristicamente humano, distinguindo-se de maneira essencial os sistemas de representações que utilizamos, dos conjuntos de sinais utilizados pelos animais, para satisfazerem suas necessidades de comunicação. É um fato conhecido que todos os pré-requisitos orgânicos da fala existem nos orangotangos ou chimpanzés; contudo, mesmo sendo capazes de emitir sons, eles se revelam decisivamente incapazes do desenvolvimento de uma linguagem. Segundo Gusdorf (1977, p. 9, 11), "A linguagem é a condição necessária e suficiente para o ingresso na pátria humana (...) Se o chimpanzé tem a possibilidade de uma linguagem mas não a concretiza é porque a função da fala, em sua essência, não é uma função orgânica, mas uma função intelectual e espiritual".

Por outro lado, quando se observa a diversidade das quase 3.000 línguas hoje utilizadas em todo o mundo, a impressão dominante é a de que é impossível caracterizar no singular, pela via da linguagem, a "pátria humana" de que falou Gusdorf. Neste ponto, salta aos olhos a universalidade das características mais marcantes do outro sistema básico de representação, além da Língua: a Matemática. Ainda em sintonia com Gusdorf (1977, p. 31): "A Matemática, com efeito transcende a confusão das línguas e das nacionalidades".

A este respeito ele evoca uma história antiga, relativa a um filósofo que se encontrava absolutamente perdido em uma região desconhecida: "Na areia da praia, ele percebe algumas figuras de geometria traçadas por um passante. Voltando-se então para seus companheiros, ele diz: 'Nós estamos salvos — vejo aqui a marca do homem'" (Gusdorf, 1977, p. 10).

De fato, a Matemática alia à sua caracterização como atividade tipicamente humana uma singular transcendência em relação à multiplicidade dos povos e das línguas, que parece credenciá-la como o instrumento básico para a compreensão global do mundo, ou mesmo para uma possível comunicação interplanetária, no caso da consideração da possibilidade de seres extraterrestres. Na verdade, já foi seriamente sugerido que, nas diversas e permanentes tentativas de "contatos", levadas a efeito por respeitáveis entidades científicas, fossem utilizados símbolos geométricos, em vez de palavras ou expressões de qualquer língua.

É, no entanto, no mínimo curioso o fato de que as características supostamente universais do sistema simbólico que é a Matemática sugiram tão fortemente sua conveniência como instrumento de comunicação global, universal, enquanto simultaneamente ela segue sendo considerada, no senso comum, um assunto de natureza técnica, destinado à compreensão de poucos.

Na verdade, tanto a apologia como a subestimação da Matemática como instrumento de comunicação e expressão refletem uma compreensão inadequada do seu papel como elemento do par de complementares que compõe com a Língua. É tão consequente a pretensão da redução de tais instrumentos a um só, quanto o é a consideração isolada da diástole ou da sístole para a compreensão do funcionamento do coração. Muitos desvios ocorreram neste sentido desde as circunspectas propostas de construção de uma língua da razão, da *mathesis universalis*, de uma "língua dos cálculos", levadas a efeito por filósofos de interesses tão diversos quanto Leibniz ou Condillac, até as frequentemente apaixonadas tentativas de elaboração de uma língua universal, intentadas pelos criadores do Esperanto, do Volapuque ou de tantas outras.[23] Todos resultaram em becos sem saída que, em um caso, inviabilizaram a empreitada, enquanto no outro conduziram, ironicamente, a uma réplica artificial da Torre de Babel das línguas naturais, da qual se pretendia escapar.

Tudo isso parece indicar que a questão da caracterização do significado e das funções da Matemática não pode prescindir da consideração

---

23. Ver a respeito o interessante estudo comparativo realizado por Rónai (1970).

da impregnação essencial que a vincula com a Língua Materna, que pudemos vislumbrar em cada uma das análises efetuadas e que explicitaremos no Capítulo 2 do presente trabalho. Aqui, por enquanto, limitamo-nos a reafirmar, com ênfase, que exatidão, abstração ou inatismo são características tão legitimamente associadas à Matemática, quanto à Língua Materna, assim como é tão pertinente associar-se a uma quanto à outra o desenvolvimento do raciocínio lógico ou a questão das aplicações práticas. Entretanto, é uma simplificação tão caricata pretender que a aprendizagem da Língua Materna se dê precipuamente em decorrência das necessidades da comunicação imediata, em prosaicas situações de compra e venda, quanto o é atribuir ao aprendizado de Matemática o desenvolvimento da competência na realização de cálculos, como os que envolvem dar ou receber trocos.

Resumamos numa frase: o verdadeiro significado da Matemática e das funções que deve desempenhar nos currículos escolares deve ser buscado na mesma fonte onde se encontram respostas às questões homólogas relativas ao ensino da Língua Materna. Ainda que isto não seja uma resposta explícita, por esta via poderemos ser levados até o objetivo básico do nosso trabalho, que é preparar o terreno para que a aprendizagem da Matemática venha a revestir-se de características tão naturais quanto a da Língua Materna.

CAPÍTULO 2

A IMPREGNAÇÃO MATEMÁTICA — LÍNGUA MATERNA

> Todo o matemático utiliza a língua matemática em simbiose com sua língua natural, dotando os símbolos, de significados mais ou menos prenhes...
> G. G. Granger, 1974, p. 141.

> O que mais caracteriza a língua moderna, a nossa língua de todos os dias, é uma impregnação cada vez mais forte da técnica.
> J. Claret, 1980, p. 57.

2.1 A língua materna e a Matemática

> Entre as coisas e as formas, entre os nomes e as figuras, entre os signos e as substâncias existe talvez uma incessante circulação, uma simbolização recíproca, universal e permanente...
> J. Ladrière, 1977, p. 66.

Para caracterizar a impregnação entre a Matemática e a Língua Materna, referimo-nos inicialmente a um paralelismo nas funções que desempenham, enquanto sistemas de representação da realidade, a uma complementaridade nas metas que perseguem, o que faz com que a tarefa de cada uma das componentes seja irredutível à da outra, e a uma imbricação nas questões básicas relativas ao ensino de ambas, o que impede ou dificulta ações pedagógicas consistentes, quando se leva em consideração apenas uma das duas disciplinas.

De maneira geral, estes elementos caracterizadores têm estado presentes nas questões analisadas até este ponto. Entretanto, agora torna-se necessário uma explicitação dos mesmos, que conduza à revelação da essencialidade da impregnação apontada, ao mesmo tempo que viabilize formas compatíveis de operacionalização em sala de aula. Para evidenciar o paralelismo referido, comecemos com a explicitação das funções da Língua Materna e da Matemática.

Funções da Língua

Estamos designando por Língua Materna a primeira língua aprendida, que coincide quase sempre, em nosso caso, com o português. Não obstante este fato, e sem ignorar as especificidades de cada língua, ater-nos-emos, aqui, a considerações de caráter absolutamente geral, independentemente da língua em questão ser o português, o francês, o chinês, ou outra.

Ainda que a língua, enquanto instrumento multifacetado, possa ser utilizada de maneira extremamente variada, é possível indicar uma "finalidade primária e única da língua à qual os outros usos a que é submetida sejam considerados incidentais, subordinados ou derivados" (Black, 1968, p. 148). Tal finalidade, ainda segundo Black (1968, p. 148), pode ser sintetizada através da fórmula: "A língua é utilizada para expressar e comunicar o pensamento".

Quanto à importância relativa da expressão ou da comunicação, ou mesmo à possibilidade de consideração isolada de uma ou de outra dimensão, algumas observações fazem-se necessárias. Há quem pretenda, aparentemente, como Martinet, a subsunção da expressividade pela função da comunicação; é o que transparece quando afirma:

Em última análise, é realmente na comunicação, isto é, na compreensão mútua, que temos de reconhecer a função central do instrumento que é a língua. Não é por acaso que se troça dos indivíduos que falam sozinhos e do solilóquio, ou seja, da utilização da linguagem para fins puramente expressivos (Martinet, 1967, p. 7).

Diretamente, ao responder a questão "Que é uma língua?", sintetizando em poucas linhas e com grande competência a dupla articulação do signo linguístico, o linguista francês é taxativo:

> Uma língua é um instrumento de comunicação segundo o qual, de modo variável de comunidade para comunidade, se analisa a experiência humana em unidades providas de conteúdo semântico e expressão fônica — os monemas; esta expressão fônica articula-se por sua vez em unidades distintivas e sucessivas — os fonemas —, de número fixo em cada língua e cuja natureza e relações mútuas também diferem de língua para língua (Martinet, 1967, p. 17).

É possível, no entanto, raciocinar de modo inverso, subsumindo a comunicação à função expressiva; embora pareça possível exprimir sem intenções de comunicação, só se pode comunicar o que se expressa. Assim, a palavra-chave para resumir a função da língua seria a expressão. Como bem sugere Saussure (1987, p. 24), "A língua é um sistema de signos que exprimem ideias".

Naturalmente, sendo a língua um instrumento social, toda a expressão visaria, precipuamente à comunicação. Assim, na caracterização das funções da língua, subsumir a comunicação ou a expressão parece tão relevante quanto a questão da prioridade do ovo em relação à galinha, ou vice-versa: o que importa, de fato, é a consideração do amálgama comunicação-expressão como um representante adequado de tais funções, englobando o desenvolvimento da capacidade de descrever o mundo mas também de interpretar, criar significados, imaginar, compreender, extrapolar.

Mesmo para aqueles, como Martinet, que situam na comunicação o centro de gravidade de tal amálgama, as funções expressivas parecem sobrelevar quando, por exemplo, defendem com vigor a inadequação da apresentação da língua como um código.

Códigos × Sistemas de Representação

Com efeito, se é verdade que a função precípua de todo o código é a comunicação de certos tipos de mensagens, também o é que qualquer código é infinitamente menos complexo do que a mais singela das línguas. Assim, quando afirma: "Uma língua não poderia (...) ser descrita como um código porque as unidades da língua não preexistem à língua, já que uma língua não consiste em uma série de etiquetas penduradas em objetos da realidade de uma vez para sempre e idênticas de uma comunidade humana para outra. Uma língua representa, e não nos cansaremos de repeti-lo, uma organização *sui generis* de dados da experiência" (apud Martinet, 1975, p. 82); Martinet parece estar mais próximo da função expressiva do que pode sugerir uma leitura apressada de sua definição de língua.

É importante ressaltar que as considerações de Martinet sobre a inadequação do termo *código* restringem-se à língua falada, à qual atribui singular importância, preponderando, de modo absoluto, em relação à língua escrita. Para esta, ele admite a caracterização como um verdadeiro código, "que consiste na substituição da forma de uma unidade linguística por outra forma, outra matéria, outra substância, que se considera que está melhor adaptado para certas necessidades e certas circunstâncias. Se nos sujeitamos, na presente discussão, a conservar o termo código, teremos que aplicá-lo à forma escrita, que vem a oferecer, para a forma fônica das unidades linguísticas, equivalentes visuais melhor adaptados à necessidade de conservação das mensagens" (apud Martinet, 1975, p. 82). A despeito dos argumentos que apresenta para tal postura, parece, sem dúvida, que uma parte considerável das restrições reconhecidas para a caracterização da língua falada como um código permanece válida para a língua escrita: também aqui não parece legítimo supor que as unidades linguísticas preexistam, cabendo à escrita apenas a função de muni-las de etiquetas convenientes.

É verdade que, em todo o mundo, a forma oral da língua é um suporte de significado natural e insubstituível para o aprendizado da escrita. Este fato é de fundamental importância para o desenvolvimento deste trabalho e será examinado com mais pormenores ainda neste capítulo. Não segue daí, no entanto, que a escrita apenas codifique ou vise a perpetuar a fala; ela também representa, instaura, cria ou constrói novos níveis de significados, novos objetos, inacessíveis à fala. Tal como o significado da pintura não se restringe a, nem se revela plenamente em simulações de fotografias, as funções da escrita não se confundem com a de um mero registrador da fala, como um gravador.

Este fato foi decididamente apontado, em tempos recentes, por Ferreiro,[1] que investe contra a consideração da escrita como um código com tanta ênfase quanto Martinet o fizera com relação à língua falada. A apresentação incisiva da escrita como um sistema de representação da realidade é característica marcante dos trabalhos da referida educadora, tornando-se o pressuposto básico para a estruturação de suas propostas de superação das dificuldades com a alfabetização.

Para compreender o fato de que não se trata de simples questão terminológica, detenhamo-nos um pouco na caracterização de um sistema de representação. Segundo Ferreiro (1986b, p. 10):

> A construção de qualquer sistema de representação envolve um processo de diferenciação dos elementos e relações reconhecidas no objeto a ser apresentado e uma seleção daqueles elementos e relações que serão retidos na representação (...). Portanto, se um sistema X é uma representação adequada de certa realidade R, reúne duas condições aparentemente contraditórias:
> a) X possui algumas das propriedades e relações próprias de R;
> b) X exclui algumas das propriedades e relações próprias de R.

É importante notar que, a despeito de eventuais analogias, as relações que se estabelecem entre um sistema de representação X e a realidade R não são do mesmo tipo das relações entre esta e um *modelo representacional* ou *protótipo*, no sentido precisamente caracterizado, por exemplo, por Achinstein (1968, p. 209). Também não é exato conceberem-se tais relações como similares às que têm lugar entre a realidade e um modelo teórico (Achinstein, 1968, p. 212), ainda que, sem dúvida, existam pontos de contato. Na verdade, um sistema de representação é concebido como um *mapeamento da realidade*. Tal como a função primordial de um mapa

---

1. Especialmente em Ferreiro, 1986a e 1986b.

(plano) não é a de representar a realidade à maneira de um protótipo, tampouco o é a de um sistema de representação; tal como se deve distinguir um modelo teórico das figuras ou diagramas que utiliza,[2] assim também não é possível identificar um sistema de representação com um mapa no sentido estrito do termo. No caso específico da língua, além do fato decisivo de tal mapeamento realizar-se na sua unidimensionalidade, condição bem mais restritiva do que a que é imposta pela bidimensionalidade das representações planas, há ainda a questão vestibular da natureza do objeto que a escrita representa. Dizer-se que as escritas de tipo alfabético poderiam ser caracterizadas como sistemas que privilegiam nas representações diferenças entre os significantes, enquanto as escritas de tipo ideográfico, por sua vez, representam primordialmente diferenças nos significados,[3] não contribui significativamente para a resposta à questão inicial. De fato, concebendo, como Saussure, a Língua como um sistema de signos que exprimem ideias e cada signo como uma entidade de duas faces, inseparáveis como as de uma moeda — o conceito e a imagem —, ou, em outras palavras, respectivamente, o significado e o significante, a verdadeira questão por responder é a das relações que se estabelecem entre o signo, indivisível, e a realidade que ele representa.

Não se tratam de questões simples ou que admitam respostas universalmente aceitas; pelo contrário, do modo como são respondidas pode decorrer toda a sorte de consequências pedagógicas, favorecendo ou dificultando a aprendizagem. Uma resposta consistente a qualquer uma delas poderia constituir tema para um novo trabalho.

Por outro lado, a construção de sistemas alternativos a partir de um sistema de representação previamente existente é questão bem mais simples, do ponto de vista epistemológico. É o que ocorre quando a escrita é considerada apenas um código para a transcrição da língua oral. Neste caso, a aprendizagem da escrita é concebida como a aquisição de uma técnica sem qualquer acréscimo de natureza semântica. Quando, no entanto, a escrita é concebida como um sistema de representação, uma singular simbiose entre a técnica e o significado tem lugar no signo nascente.

---

2. Conferir com Achinstein, 1968, p. 213.

3. Essa possibilidade é sugerida por Ferreiro, 1986, p. 13.

Em decorrência, os que se habilitam no domínio de tal instrumento assimilam alternativas de expressão inimagináveis pelos que são constrangidos unicamente à forma oral de expressão.

De nossa parte, no presente trabalho, consideremos o aprendizado da Língua Materna, tanto em sua forma oral quanto na forma escrita, a construção de um sistema de representação da realidade. Não são dois sistemas alternativos, mas um só sistema que se erige a partir das relações de troca e interdependência entre as duas vertentes — a oral e a escrita. Não obstante o fato de, na escala do tempo, a escrita constituir-se sempre em segundo lugar, ela não pode ser tratada secundariamente apenas como um código de transcrição. É precisamente pelo fato de a construção do sistema só se completar com o desenvolvimento da dupla capacidade de expressão, tanto na forma oral — aprendida muito antes do ingresso na escola — quanto na forma escrita — cujo aprendizado é, em geral, intraescolar — que, em todo o mundo, a não habilitação para a escrita conduz à classificação de analfabetos para indivíduos plenamente capazes de falar.

Voltemo-nos, agora, mais diretamente, para as funções da Matemática. Aqui, de modo mais inequívoco ainda, não parece possível interpretar a aprendizagem como a de um código de transcrição, como a construção de um sistema de representação alternativo, a partir de um sistema conhecido *a priori*. Um tal sistema, que seria o correlato da língua falada na aprendizagem da escrita, simplesmente inexiste. A Matemática erige-se, desde os primórdios, como um sistema de representação original; apreendê-lo tem o significado de um mapeamento da realidade, como no caso da Língua. Muito mais do que a aprendizagem de técnicas para operar com símbolos, a Matemática relaciona-se de modo visceral com o desenvolvimento da capacidade de interpretar, analisar, sintetizar, significar, conceber, transcender o imediatamente sensível, extrapolar, projetar.

Os objetos matemáticos, como números, formas, propriedades, relações, estruturas etc., aqui concebidos como construções resultantes do trabalho dos matemáticos, não são construídos tendo como referentes objetos homólogos de qualquer outro sistema preexistente — nem mesmo a Língua Materna — mas exclusivamente tendo em vista a realidade que se pretende mapear. Não pressupomos, portanto, à maneira platônica, que tais objetos tenham uma existência soberana em uma realidade supratemporal, ou que eles sejam componentes de uma linguagem cifrada, de um código misterioso em que o "livro do Universo" estaria escrito, e que aos pobres mortais caberia apenas a tarefa de decifrar, como sugeriu Galileu. Em vez disso, concebemos a Matemática como um sistema de representação da realidade, construído de forma gradativa, ao longo da história, tal como o são as línguas.

Quanto às explicações para o fato indiscutível da multiplicidade das línguas, diante da universalidade dos símbolos matemáticos, elas podem ser buscadas em outras fontes que não as pressuposições anteriores. Há razões de natureza endógena que parecem conduzir a tal unidade, como por exemplo a ausência da oralidade em Matemática, que será examinada com pormenores na sequência deste trabalho.

Dependência mútua

Por enquanto, detenhamo-nos apenas na observação das relações de dependência mútua, de interferência e interpenetração que se estabelecem entre os dois sistemas de representação que estamos considerando, sobretudo no nível semântico. Como bem destacou Claret, numa das epígrafes deste capítulo, tem sido uma característica marcante da Língua, em tempos modernos, está impregnação, cada vez maior, por palavras de origem técnica ou que adquiriram uma conotação técnica em decorrência do uso, ou ainda que são utilizadas simultaneamente tanto em contextos técnicos como não técnicos, com significados globalmente próximos. É o que agora passaremos a examinar, não antes de destacar que poderia ser questionada a modernidade de tal impregnação: com diferentes matizes, síndromes análogas sempre foram detectáveis nas mais diversas épocas e em todos os níveis de tratamento, em questões de representações da realidade. É possível conjecturar-se, inclusive, se o fato de uma civilização, como a grega, cujo vigor intelectual irradia-se de forma ímpar, através dos séculos, ter utilizado predominantemente os mesmos símbolos gráficos para representar letras e números é de natureza circunstancial ou revela um sentido de unidade dos dois sistemas, até hoje ainda não suficientemente explicitado.

Afastando-nos do terreno das conjecturas, vamos procurar perceber com clareza no âmbito da ação concreta, no dia a dia ou na sala de aula, na aprendizagem ou na utilização ordinária dos dois sistemas, a impregnação entre ambos.

Sem dúvida, desde os contatos iniciais, antes mesmo do ingresso na escola, apreendemos o alfabeto e os números como uma mescla simbólica que não se tem necessidade de analisar, estabelecendo fronteiras nítidas entre a Matemática e a Língua. Assim, por um lado, os números nascem associados a classificações e contagens; por outro lado, a ideia de ordem fundamental para a construção da noção de número surge tanto na organização do alfabeto quanto das seriações numéricas.

Também o tempo, o espaço ou os negócios servem, permanentemente, de mediadores na revelação desta mescla simbólica entre os dois sistemas de que estamos tratando. Em seu uso ordinário, o relógio, o calendário, as medidas ou a moeda corrente testemunham essa comunhão na representação da realidade. Embora se possa expressá-lo sem utilizar palavras da Língua Materna, costumamos dizer: "são 8 e meia", "hoje é dia 10", "quero 3 quilos", "custa 500 cruzados" etc.

De modo geral, a linguagem ordinária e a Matemática utilizam-se de tantos termos "anfíbios", ora com origem em uma, ora com origem em outra, que às vezes não percebemos a importância desta relação de troca, minimizando seu significado. A observação das frases, expressões ou palavras a seguir poderá contribuir para uma melhor compreensão do que se afirma:

Chegar a um *denominador comum*.
Dar as *coordenadas*.
Aparar as *arestas*.
Sair pela *tangente*.
Ver de um outro *ângulo*.
Retidão de caráter.
O *xis* da questão.
O *círculo* íntimo.
A *esfera* do poder.
Possibilidades *infinitas*.

Perdas *incalculáveis*.
Numa *fração* de segundo.
No *meio* do caminho.
Semelhança, Equivalência, Estrutura, Função, Categoria etc.

Naturalmente, poder-se-ia questionar a conveniência ou a adequação da transferência de termos de um contexto para outro, ou mesmo a essencialidade das utilizações metafóricas. Com relação à transferência, é importante registrar que o trânsito de termos da Matemática para a Língua Materna e vice-versa tem características radicalmente distintas do que ocorre entre a Matemática e qualquer outro setor do conhecimento. Sem minimizar a importância de trabalhos pioneiros como o de Lewin[4] neste tipo de transferência para a Psicologia, ou de Lacan,[5] no caso da Psicanálise, insistimos em que o caso da interação entre a Matemática e a Língua Materna é absolutamente singular. Ele pode ser caracterizado como uma verdadeira relação de complementaridade, de troca, e não apenas como uma prestação de serviços por parte da Matemática.

Quanto às utilizações analógicas ou metafóricas, sua essencialidade se revela na mesma medida em que é reconhecida nas relações de paralelismo e complementaridade que têm lugar entre a prosa e a poesia, ou mesmo entre as dimensões lógica e retórica da linguagem.

Quando, por exemplo, em meio a uma discussão surge a conclamação para que se chegue a um "denominador comum", está claro que as partes em disputa não são exatamente frações, mas a força retórica decorrente do fato de que, só reduzindo ao mesmo denominador é possível somar frações, é grande o suficiente para valorizar tal metáfora, tornando a expressão quase tão frequente no discurso político, quanto nas aulas sobre adição de frações.

Por outro lado, no próprio caso da nomenclatura utilizada para os elementos constituintes de uma fração — numerador e denominador —, podemos perceber que é a Matemática que recorre à Língua Materna para uma expressão conveniente: a denominação de uma fração (quintos, sé-

---

4. Ver, a respeito, Lewin, 1936.
5. Ver especialmente "A Palavra na Transferência", em Lacan, 1986.

timos, décimos etc.) é determinada pelo seu denominador, naturalmente, enquanto o numerador apenas fornece o número de partes iguais em que a unidade foi dividida (2 quintos, 5 sétimos, 3 décimos etc.).

A alimentação recíproca, resultante deste permanente ir e vir, do qual os exemplos apontados não passam de mínimas amostras, tem-se revelado extremamente fecunda, ao longo da história da Língua e da Matemática. Esta fecundidade é a motivação maior para que busquemos uma exploração consciente da impregnação entre os sistemas referidos, dado que a própria frequência com que ela se manifesta faz com que quase não mais a notemos. Entretanto, seu caráter verdadeiramente essencial só se revela quando examinamos as relações entre o oral e o escrito, na Língua Materna e na Matemática. E isto que intentaremos a seguir.

2.2 O oral e o escrito

> Nada entra na língua sem ter sido antes experimentado na fala.
>
> Saussure, 1987, p. 196.

> A criança chora e ri sem querer a princípio significar; mas é compreendida logo pela mãe (...) a criança é compreendida antes de compreender; isto equivale a dizer que ela fala antes de pensar.
>
> Alain, apud Claret, 1980, p. 30.

> A linguagem fônica é uma prerrogativa típica e qualificativa do homem.
>
> Pagliaro, A., 1967, p. 107.

> A ideia leibniziana da língua nova está realizada. São as línguas formais, que existem realmente. Mas como se sabe hoje, elas não podem ser faladas e não são senão escritas.
>
> J. A. Miller, 1987, p. 68.

Quando os fenômenos linguísticos são analisados ao longo da história, a exaltação da importância da fala, relativamente às múltiplas formas de expressão humana, parece uma tarefa simples. A esse respeito, Gusdorf (1977, p. 10) assim se manifesta: "O homem é o animal que fala: esta definição, depois de tantas outras, é talvez a mais decisiva".

Corroborando tal ponto de vista, Morris (1977, p. 174) afirma: "A nossa tese geral é, pois, a seguinte: tudo o que é caracteristicamente humano depende da língua falada".

Na mesma trilha, Martinet (1967, p. 4) reforça: "não esqueçamos que os signos da linguagem humana são precipuamente vocais, que foram exclusivamente vocais durante centenas de milhares de anos, e que ainda hoje a maioria dos homens sabe falar sem saber escrever nem ler".

Saussure (1987, p. 34), no entanto, é mais taxativo ainda: "o objetivo linguístico não se define pela combinação da palavra escrita e da palavra falada; esta última, por si só, constitui tal objeto".

Tais pontos de vista não têm lugar apenas entre autores ou em tempos modernos: a fala sempre foi considerada a característica decisiva da natureza humana, tanto no que tange à manifestação do eu, à expressão, quanto na comunicação, na busca do tu.

Antes do aparecimento da escrita, as preocupações com a necessidade de permanência e a possibilidade de transmissão de uma geração para outra, conduziram ao desenvolvimento de recursos para a fixação da palavra falada, como as histórias contadas de pais para filhos, ou as lendas. Na mesma senda, enriquecidos por depurações milenares, constituíram-se os mitos. Recorde-se que a palavra grega *mythos* tinha, originariamente, o significado de *fala*.

Mesmo após o aparecimento da escrita, a fala manteve seu indiscutível prestígio como forma dominante de comunicação e expressão. À escrita pareciam reservadas tarefas menos nobres, sobretudo de natureza burocrática, enquanto para as funções verdadeiramente essenciais, como a Educação ou a Política, a língua falada era o instrumento básico. Na Grécia, por exemplo, a escrita foi assimilada, de início, com profunda desconfiança. Ela parecia condenada, por razões endógenas, a uma natural carência de profundidade, como bem caracterizou Platão, na VII

Carta. Testemunhas aparentes de tal estigma são a própria forma dominante das mais significativas obras escritas, tanto no período grego como em períodos mais recentes, hoje reconhecidas como clássicos da literatura universal: em grande parte delas, a reprodução de diálogos foi o artifício utilizado para a materialização da Língua sem o distanciamento da oralidade; em outras, a forma de poemas expressava, ao mesmo tempo, intenções de recitação e de facilitação da memorização, através do recurso à métrica e às rimas. Os exemplos surgem aos borbotões: no primeiro caso, situam-se todos os *Diálogos* platônicos; no segundo, poemas célebres como *Ilíada*, *Odisseia*, *Fausto*, *A Divina Comédia*, *Os Lusíadas*, entre outros.

A partir, no entanto, da invenção de mecanismos simplificadores para a impressão de textos, em meados do século XV, a palavra escrita aumentou paulatinamente sua importância em relação à fala, até chegar do ponto em que, segundo Saussure (1987, p. 34), "acaba por usurpar-lhe o papel principal; terminamos por dar maior importância à representação do signo vocal do que ao próprio signo. É como se acreditássemos que, para conhecer uma pessoa, melhor fosse contemplar-lhe a fotografia do que o rosto".

A nosso ver, a interessante imagem analógica, onde a palavra falada está para a palavra escrita como o rosto de uma pessoa está para sua fotografia, não é de todo adequada, salvo se tivéssemos como pressuposto o fato de a escrita limitar-se apenas à transcrição da fala; conforme já foi discutido, tal não é o caso. No entanto, parece-nos possível parafrasear a imagem saussuriana sem diminuir a sua força, substituindo "fotografia" por "desenho" ou "pintura". Assim, através da representação pictórica, abre-se importante espaço para a transcendência do mero registro neutro, para a emergência de interpretações valorativas dos dados representados. Às vezes, uma caricatura pode ser muito mais reveladora das características marcantes de uma pessoa do que sua própria fotografia; algo análogo parece ocorrer na relação que se estabelece entre o signo vocal e a correspondente palavra escrita.

O prestígio da Escrita

De uma forma ou de outra, do século XV até os dias atuais, o prestígio da escrita cresceu consideravelmente. Um observador que se restrinja a uma visão sincrônica da língua pode ser levado a considerar secundário o papel desempenhado pela fala, invertendo uma relação natural, a começar pelo próprio fato de serem considerados analfabetos indivíduos que falam com desenvoltura, mas não leem e não têm o domínio da escrita.

Na verdade, no entanto, a real situação da contraposição entre o oral e o escrito não é passível de um diagnóstico tão simples. Muitos sintomas são contraditórios, indicando uma superestimação ora do escrito, ora do oral. Assim é que meios de comunicação de massa, sedutores e quase onipresentes, como a televisão, constituem instrumentos eficazes para a supervalorização do ouvir e do falar, em detrimento da leitura e da escrita. No mesmo sentido, atividades fundamentais, como a política ou a jurídica, permanecem estritamente associadas a um desempenho oral eficiente ou que sobrepuja em larga escala a competência em redigir.

Por outro lado, na escola, a despeito de a maior parte das atividades pedagógicas envolvidas no processo educacional ainda restringirem-se à oralidade, onde a fala do professor é, no máximo, entremeada de diálogos com os alunos, as avaliações orais foram praticamente abolidas, salvo em raras circunstâncias, como nas teses ou concursos, quase sempre associadas à defesa de um texto.

Já se disse, em tom jocoso, que um ateniense a quem tivesse sido permitido viajar no tempo, aportando nos dias atuais, estranharia praticamente tudo o que seus olhos divisassem: vestimentas, carros, edifícios etc.; sentir-se-ia, no entanto, perfeitamente ambientado em uma escola. Nas aulas de Matemática, por exemplo, ouviria falar de Euclides, Tales, Pitágoras e de outros conterrâneos ilustres. É certo, no entanto, que encontraria dificuldades no momento da avaliação, tendo de abdicar da forma oral de seu competente discurso e limitar-se às possibilidades da palavra escrita.

De modo geral, é possível afirmar-se que hoje, na escola, se do ponto de vista do processo educacional a oralidade continua a desempenhar papel fundamental, no que diz respeito à avaliação a moeda forte é, sem dúvida, a escrita.

Em particular, no que se refere à Língua Materna, o fato de os alunos chegarem à escola expressando-se oralmente sem dificuldades, no exercício de suas atividades cotidianas, parece compelir ainda mais à supervalorização da escrita como produto básico da atividade escolar.

Não é o caso, aqui, de criticar-se tal supervalorização em si mesma e apontar-se para uma mitigação na importância da escrita, talvez fazendo coro com muitos apologistas dos meios de comunicação de massa. Como se sabe, no início da década de 1970, muitos estudiosos da comunicação humana profetizaram, como McLuhan os seus epígonos,[6] a decadência da palavra escrita, decretada pela emergência da mídia eletrônica. O próprio Gusdorf parece ter sucumbido a tais análises, quando se permite vislumbrar "uma humanidade em que não teremos mais necessidade de aprender a ler, nem de escrever, depois que o uso generalizado do gravador permitir fixar diretamente a fala e escutá-la em seguida, sem nenhuma cifragem ou decifragem. Um rolo de fita magnética substituirá o livro e a imprensa não será mais do que uma lembrança dos tempos arcaicos (...) A civilização do livro cederá lugar a uma civilização da imagem e do som" (Gusdorf, 1977, p. 122).

Hoje, menos de vinte anos depois, parece clara a intempestividade da maior parte de previsões como as citadas. Entretanto, ao longo de tais considerações sobre prioridades ou preponderâncias, é possível divisar com clareza a perenidade das duas componentes linguísticas, bem como o singular papel que a oralidade desempenha na aprendizagem da língua escrita.

De fato, todo o conhecimento da realidade que os alunos já trazem ao chegarem à escola encontra expressão apenas através da fala; é deste suporte de significados que emergirão os signos para a construção da escrita.

Apesar de ser tecnicamente possível a aprendizagem da escrita como a de um código, restrito apenas a seus aspectos sintáticos, com a total ignorância do significado dos signos envolvidos, não é assim que ela naturalmente ocorre em qualquer lugar do mundo. Sobretudo na forma escrita, as palavras já nascem prenhes de significação. Assim, enquanto

---

6. Entre os epígonos de McLuhan no Brasil, encontramos, por exemplo, Lauro de Oliveira Lima com seu provocativo livrinho *Mutações em Educação segundo McLuhan*, Rio de Janeiro, Editora Vozes, 1972.

suporte de tais significações, a língua falada configura um degrau natural para a aprendizagem do sistema de representação da escrita. A minimização do papel deste degrau é responsável por grande parte das dificuldades que se manifestam na capacidade de expressão escrita.

Para caracterizar, como Saussure, a língua falada como o único objeto linguístico, é necessário que se opere uma diferenciação radical entre o objeto da Linguística e o da pedagogia da Língua Materna. Aqui, como em outros lugares, é fundamental distinguir as finalidades de uma disciplina das finalidades de seu ensino.[7]

No caso específico do ensino da Língua Materna, se a palavra falada e a palavra escrita misturam-se tão intimamente, como destacou Saussure, isto não deve ser considerado uma tentativa de usurpação, por parte da escrita, do papel principal que sempre esteve associado à oralidade. Pelo contrário, como dois seres vivos, em relação simbiótica, a cada instante o oral e o escrito parecem indicar que os papéis que desempenham na comunicação e na expressão são, ambos, fundamentais e insubstituíveis.

É inegável que o passo inicial, no caminho para a alfabetização, é dado pela fala, vindo a escrita agregar-se a ela; posteriormente, no entanto, após depurações sucessivas, é a escrita que passa a orientar a fala, completando o ciclo de um processo de transformações sucessivas, em permanente desenvolvimento.

Para caracterizar tal ciclo, encontramos em Kato (1986, p. 11) o seguinte esquema:

$$fala_1 \longrightarrow escrita_1 \longrightarrow escrita_2 \longrightarrow fala_2$$

cujo significado é explicitado a seguir, com suas próprias palavras:

> A $fala_1$ é a fala pré-letramento; a $escrita_1$ é aquela que pretende representar a fala da forma mais natural possível; a $escrita_2$ é a escrita que se torna quase autônoma da fala, através de convenções rígidas; a $fala_2$ é aquela que resulta do letramento (Kato, 1986, p. 12).

---

7. Ver, a respeito, o interessante artigo de Halbwachs, 1981.

Se entendemos que o processo não se cristaliza na produção da fala letrada, funcionando como um verdadeiro ciclo no qual, em certo momento, a escrita emerge da fala para, numa etapa seguinte, passar a agir sobre ela, então o esquema proposto constitui interessante subsídio para a compreensão das complexas inter-relações entre o oral e o escrito no aprendizado na Língua Materna.

O oral em Matemática

Voltemo-nos agora para as questões homólogas que se colocam no caso específico da Matemática. Comecemos com uma afirmação de aparência desconcertante para o exame que se pretende realizar: enquanto concebida como uma linguagem formal, a Matemática não comporta a oralidade, caracterizando-se como um sistema simbólico exclusivamente escrito. Para que tal afirmação possa ser examinada, são necessárias algumas considerações sobre as linguagens formais. Como se sabe, tais linguagens delinearam-se a partir do pressuposto de que as línguas naturais são imperfeitas, permitindo a ambiguidade; além disso, suas gramáticas são, muitas vezes, destituídas de lógica. A partir daí, muitos filósofos como Leibniz, Descartes, Condillac e outros sonharam com a construção de uma língua adequada para o exercício da razão, uma "língua dos cálculos", cuja gramática teria características plenamente lógicas e que possibilitaria uma expressão precisa, sem dar margem a querelas de quaisquer tipos. Questões que resultassem confusas, quando formuladas nas línguas naturais, quando "vertidas" para tal linguagem, resultariam elucidadas: bastaria que nos dispuséssemos a "calcular" segundo as transparentes regras gramaticais a nossa disposição.

Durante muito tempo, acreditou-se em que as linguagens formais satisfariam a tais exigências; no entanto, atualmente isso não parece passar de grande mal-entendido. Por um lado, é cada vez mais claro que os supostos defeitos das línguas naturais não passam de características intrínsecas das mesmas, com as quais temos de aprender a lidar e conviver, e que em grande parte são responsáveis pela riqueza de expressão que tais línguas possibilitam. Por outro lado, em decorrência da forma como foram construídas, as linguagens formais revelaram-se tanto mais precisas quanto mais distantes da experiência, restringindo-se a operações sintáticas sobre seus próprios símbolos. A Psicanálise, por exemplo, reconheceu tais fatos de imediato. Segundo Miller (1987, p. 66): "O que começou com o descobrimento de Freud foi outra abordagem da linguagem, outra abordagem da língua, cujo sentido somente surgiu ao ser retomado por Lacan. Dizer mais do que se sabe, não saber o que se diz, dizer uma coisa diferente do que se disse, falar para não dizer nada, não são agora, no campo freudiano, defeitos da língua, que justificam a criação das línguas formais. São propriedades ineliminaveis e positivas do ato de falar".

Paralelamente, no terreno filosófico, trabalhos como os de Ryle (1980) ou Wittgenstein (1986a) promovem uma espécie de reabilitação da linguagem ordinária como instrumento para pensar o mundo. Em particular, a notável tentativa de estruturação lógica do mundo, operada por Wittgenstein em seu singular *Tractatus*, utiliza apenas a língua natural no tratamento das mais agudas questões lógico-filosóficas, sem qualquer recurso às linguagens formais.

Muito já se falou a respeito das possibilidades e limitações dos formalismos; não é o caso, aqui, de enveredarmos em tal seara, sob pena de desviarmo-nos desnecessariamente de nossos objetivos imediatos. Entretanto, vamos deter-nos apenas na análise de uma característica marcante das linguagens formais, que talvez possa ser apontada como a razão fundamental de suas limitações e que, apesar disso, a nosso ver carece de uma maior explicitação. Trata-se da ausência, em tais linguagens, de uma oralidade própria, conforme já foi indicado anteriormente. Sem meias-palavras, Miller (1986, p. 68) o afirma: "A língua com que sonhava Leibniz, sem equivocação nem anfibologia, a língua onde tudo o que se diz inteligivelmente é dito a propósito, a língua de *Del Arte Combinatoria*, é uma língua sem enunciador possível. É um discurso sem palavras".

Para compreender tal afirmação, recordemos que, de acordo com Martinet, uma Língua é um instrumento de comunicação duplamente articulado. A *primeira articulação* é a que se dá entre os signos e a experiência comum a todos os membros de determinada comunidade linguística. Através dela, as mensagens a transmitir, as necessidades a expressar são organizadas e classificadas em unidades possuidoras de um significado e de uma forma vocal. Estas unidades, chamadas *monemas*, não podem ser decompostas em partes menores dotadas de significado, mas são analisáveis em termos de unidades menores, de natureza apenas fônica, os *fonemas*. Em todas as línguas, o número de fonemas é reduzido, não passando de algumas dezenas. Convenientemente combinados e articulados, eles passam a compor a forma vocal da grande quantidade e variedade de monemas, as unidades da primeira articulação. A esta articulação interna, dos fonemas na composição dos monemas, chama-se *segunda articulação*. Muitas vezes, o termo "monema" é considerado o equivalente erudito de "palavra"; embora tecnicamente tal correspondência não seja correta, *grosso modo*, para os fins restritos de nossa análise podemos associar os monemas às palavras e os fonemas às unidades sonoras básicas, utilizadas em sua enunciação.

A partir destas considerações, podemos agora explicitar em que sentido pode ser entendida a afirmação de Miller a respeito da ausência do oral nas linguagens formais: de fato, tais linguagens não comportam uma segunda articulação, como a dos fonemas, o que possibilitaria uma oralidade própria. Segundo Granger (1974, p. 140):

> Sem dúvida, nelas (nas linguagens formais) pode-se considerar signos isolados e "expressões bem formadas"; mas não se opõem entre si como o fonema ao monema (...) O sentido dos signos formais unitários (na Matemática: +, f, ... na Lógica: v, ⇒, ...) não se constitui por remessas a uma estrutura autônoma de oposições e correlações correspondendo a uma fonologia. É diretamente embreado no sistema dos sintagmas que corresponde ao primeiro nível de articulação das línguas naturais.

Em outras palavras, para ser enunciada oralmente, uma linguagem formal não pode prescindir do concurso da língua natural. Um formalismo sem oralidade, não obstante possa ser transcendentalmente correto, independente de interpretantes, é um discurso sem enunciador, não podendo ser considerado caracteristicamente humano, no sentido fixado por Morris, Martinet ou Saussure, por exemplo, no início desta seção. Para adquirir tal estatuto, é necessário, ainda que isso não baste, a aproximação com a língua natural, da qual empresta a dimensão oral. A relação que se estabelece entre o formalismo escrito e o oral emprestado não se reduz, no entanto, à mera justaposição; assim como no caso da Língua Materna, a escrita não é algo que se apõe simplesmente ao oral.

De fato, no caso da Matemática, a natureza da relação que se estabelece entre as duas dimensões é bem mais complexa, sendo, inclusive, significativamente diferente do caso da Língua Materna: se neste último caso é possível, por exemplo, conceber-se a comunicação de um registro fonológico independente da escrita, no caso da Matemática é virtualmente impossível comunicar-se por esta via. Como destacou Granger (1974, p. 33), "o espaço informacional oferecido pela cadeia falada tal como é percebida não se presta bem à recepção e transmissão de mensagens que devem veicular essencialmente combinações de informações referentes à sua própria estrutura. As línguas naturais faladas podem quando muito descrever objetos e propriedades de objetos estruturais. Dir-se-á: 'A soma dos quadrados dos lados de um triângulo retângulo é igual...' para descrever o que a estrutura figurada do simbolismo mostra diretamente: $a^2 = b^2 + c^2$. Mas, desde que as propriedades estruturais ultrapassem um certo grau de complexidade, sua descrição torna-se tão difícil de ser compreendida que toda manipulação, toda análise, toda demonstração acham-se paralisadas. (...) A bem da verdade, não é que a Matemática não possa ser totalmente transcrita numa linguagem linear como o é a cadeia falada. (...) Mas uma Matemática assim transcrita 'em fitas' torna-se, sem dúvida alguma, inexplorável para um receptor humano".

Assim, se no ensino da Língua Materna a fala é o natural suporte de significações para inflar os balões dos signos escritos, funcionando como um degrau intermediário na passagem do pensamento à escrita, no caso do ensino da Matemática a inexistência de uma oralidade própria não possibilita alternativas senão as seguintes: circunscrevê-lo aos limites da aprendizagem de uma expressão escrita, abdicando-se da expressão oral, o que parece tão natural quanto abdicar do uso das pernas para caminhar; ou então fazê-lo comungar decisivamente com a Língua Materna, compartindo sua oralidade e, em decorrência, impregnando-se dela de uma forma essencial.

    Resumindo o que foi até aqui examinado, podemos afirmar o seguinte: enquanto uma componente curricular destinada a todos os indivíduos que passam pela escola, a Matemática não pode ser tratada estritamente como uma linguagem formal. Se assim o fosse, a inexistência da segunda articulação no sentido de Martinet conduziria a um degrau de difícil transposição, na passagem do pensamento à escrita. Em vez disso, é mister tratá-la como um sistema de representação que transcende os formalismos, aproximando-a da Língua Materna, da qual inevitavelmente deve impregnar-se, sobretudo através do empréstimo da oralidade.

    Para caracterizar melhor a referida impregnação, resta ainda examinar a questão das similitudes e das diferenças nos mecanismos de funcionamento da primeira articulação dos signos linguísticos ou matemáticos. Tal exame nos conduzirá ao esclarecimento das relações entre a sintaxe e a semântica, entre a técnica e o significado, como veremos a seguir.

2.3 A técnica e o significado

> (...) uma linguagem formal só pode verdadeiramente ser chamada "linguagem" se estiver acompanhada de regras de interpretação permitindo associar significações às suas expressões bem estabelecidas.
>
> J. Ladrière, 1977, p. 12.

> Eu penso que o progresso em direção à "intuição" (dos objetos matemáticos) passa necessariamente por um período de compreensão puramente formal e superficial, o qual somente pouco a pouco será substituído por uma compreensão melhor e mais profunda.
>
> J. Dieudonné, 1973, p. 13.

> O formal é revelador de um sentido, o lugar de um λογος. Este sentido, porém, não é apreensível intuitivamente, não se deixando traduzir, ao menos diretamente, no discurso das linguagens naturais.
>
> J. Ladrière, 1977, p. 64.

Uma das questões mais candentes no que concerne ao ensino tanto da Matemática como da Língua Materna é a legitimidade ou a conveniência da utilização de um sistema de signos de um modo predominantemente técnico, operacional, restrito a regras sintáticas, em contraposição a um uso que privilegie o significado dos elementos envolvidos, portanto sua dimensão semântica. Entre as posições divergentes, há a daqueles que afiançam a suficiência da técnica operatória para os indivíduos que não se tornarão especialistas no assunto, o que abrange a grande maioria das pessoas. Para estes, seria natural utilizar um sistema simbólico como o da Matemática tal como o fazem com um automóvel ou um eletrodoméstico, sem uma compreensão mais profunda do modo como funcionam. Outra forma de abordagem da questão ressalta a importância de uma compreensão global do significado dos elementos e processos envolvidos em cada sistema; no caso do aprendizado da Língua Materna o ponto de partida são as unidades da primeira articulação — as palavras —, prenhes de significações, enquanto que no caso da Matemática, como uma reação às operações realizadas mecanicamente; algumas vezes ocorre uma subestimação do papel dos algoritmos, como se fosse razoável realizar repetidas vezes uma determinada operação sem busca de um caminho ótimo ou a automatização natural de certos procedimentos.

De maneira geral, no entanto, não se considera que a questão proposta conduza a uma opção dicotômica — ou a técnica ou o significado; sem dúvida trata-se de uma questão de ênfase ou de prioridade. Assim, reconhecendo a necessidade das duas componentes, não são poucos os que apregoam a necessidade, na aprendizagem, de um período inicial em que a preponderância é da técnica, para apenas posteriormente atingir-se uma compreensão mais profunda do significado do que já se realizara muitas vezes mecanicamente. Tal postura parece ser a sugerida, por exemplo, pelo matemático Dieudonné, no trecho citado em epígrafe nesta seção. No terreno da Linguística, em uma obra clássica Martinet apregoa que "é natural começar-se a descrição duma língua expondo a sua fonologia, quer dizer, tratando do que chamamos a segunda articulação" (Martinet, 1967, p. 36).

Apesar de tal reflexão não se situar em um texto de Pedagogia, mas de Linguística, nela encontram respaldo muitas abordagens clássicas da alfabetização na Língua Materna, que partem dos fonemas básicos como ba-be-bi-bo-bu, para, só após um tortuoso percurso, aportarem nas unidades significativas, as palavras.

Essas considerações iniciais podem ser suficientes para revelar a não trivialidade da questão das relações entre a técnica e o significado, bem como a imediata vinculação de pressupostos sobre o tema com a prática pedagógica. Nosso objetivo aqui não é destrinçar tais relações mas apenas explicitar mais um pouco, através delas, a já anunciada impregnação entre a Matemática e a Língua Materna, na medida em que se percebe a inevitabilidade da imbricação de questões básicas relativas ao ensino de ambas, como é o caso da que foi proposta no início desta seção.

Para melhor compreensão da referida questão, recordemos alguns fatos básicos, a respeito de signos.

Fatos básicos sobre signos

Um sugestivo esquema para ilustrar o funcionamento dos signos em geral, mas particularmente eficaz no caso dos signos linguísticos, é o proposto por Peirce (apud Granger, 1974, p. 136): um signo relaciona-se com algo, um objeto, que é o seu significado, e com alguém, um interpretante, para quem o signo significa. Não há, na realidade, um interpretante mas interpretantes; assim, a relação signo-significado-interpretante caracteriza-se como uma sequência de relações triangulares.

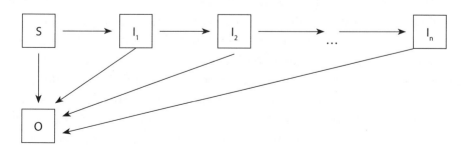

O estudo dos sistemas de signos — a Semiótica — comporta três níveis de abordagem:
- o *sintático*, que trata das relações dos signos entre si, do modo como se combinam para formar signos compostos, abstraindo o significado de cada signo bem como qualquer relação entre os signos e os interpretantes;
- o *semântico*, que trata das relações entre os signos e seus significados, e
- o *pragmático*, onde os signos são considerados em suas relações não só com os significados mas também com os usuários, os interpretantes.

Em seu uso corrente, frequentemente a Semântica engloba a Pragmática, na mesma medida em que o significado de um signo está associado ao seu uso.

Embora tanto as línguas naturais quanto as linguagens formais se caracterizem como sistemas de signos, situando-se portanto no âmbito da Semiótica, a importância relativa dos diferentes níveis de abordagem, bem como os mecanismos de articulação interníveis são significativamente distintos nas duas situações.

No caso da Língua Materna, cada unidade da primeira articulação — um monema — é um signo que já se constitui diretamente relacionado com um significado; a dimensão semântica se faz presente desde a origem, permanecendo assim durante todo o processo de comunicação ou de expressão. Isto vale tanto para os monemas quanto para combinações deles em signos compostos, frases ou textos; a ruptura com o significado é sempre reveladora de erros de codificação, ou de desvios de natureza patológica. Em situações de ensino da Língua Materna, quando a ênfase é posta no nível sintático de modo a obscurecer o significado dos elementos envolvidos, muito frequentemente ocorrem inibições que fazem minguar o fluxo da escrita, dificultando tanto a comunicação quanto a expressão. Quando, pelo contrário, os alunos são estimulados para o registro escrito, tendo por base o manancial semântico que a língua oral provê, a torrente de signos flui sem constrangimentos, e um progressivo controle de qualidade de natureza sintática encarrega-se naturalmente de regular tal fluxo. Assim, no aprendizado e no exercício da Língua, não ocorre senão intencionalmente, no caso de especialistas, um descolamento completo entre o nível sintático e o semântico; *grosso modo*, é possível afirmar-se que os elementos sintáticos permanecem ancorados em seus conteúdos semânticos, ou "embreados" numa experiência vivida, conforme propõe Granger[8] em sugestiva imagem. Mesmo entre especialistas, a despeito dos numerosos trabalhos de natureza estritamente sintática, não parece uma tarefa simples encontrar estudiosos de uma Língua que não conheçam o significado de termo algum da mesma, nem estejam interessados nisso.

Atentemos agora para os papéis desempenhados pelos diferentes níveis semióticos no caso das linguagens formais. Aqui, diversamente da Língua, os signos são definidos ou caracterizados a partir das relações que estabelecem com os outros, no interior do formalismo; eles nada significam, senão o que expressam através de tais relações. Não são fontes de relações, mas resultantes de um feixe delas. Einstein, por exemplo, não definiu energia, massa e velocidade para, posteriormente, enfeixar tais conceitos na relação $E = mc^2$; na verdade, o significado de cada um deles é que é construído a partir desta e de outras relações. Na elegante e arguta observação de Bachelard (1968, p. 127): "Longe de ser o ser a ilustrar a relação, é a relação que ilumina o ser".

No mesmo sentido, Granger afirma (1974, p. 140):

> Um signo da linguagem formal nunca remete à sua experiência exterior, mas somente a uma combinação de regras simbólicas que constitui seu "objeto" (...). Contrariamente ao que ocorre nas línguas naturais, a organização de signos constituindo esse objeto não mais se duplica num sistema de ligações diagonais com interpretantes. Um símbolo lógico ou matemático não tem, enquanto tal, outro interpretante a não ser seu próprio "objeto". Se se denomina Sintaxe às regras de ligação mútua dos signos, pode-se também dizer que a língua formalizada se reduz a uma estrutura sintática. Os próprios símbolos de constantes que se poderia crer constituírem um

---

8. Conforme texto citado à p. 113 do presente trabalho.

núcleo semântico remetendo a um universo exterior, são, de fato, apenas abreviações para arquiteturas puramente sintáticas (...)

Naturalmente, ainda que prescindam de interpretantes, os sistemas formais são passíveis de interpretações. Numa interpretação, os objetos do sistema são colocados em correspondência com certas entidades que podem ser objetos físicos, elementos geométricos, números, ideias, ou o que quer que se deseje, fazendo-se corresponder a cada proposição um enunciado que tem um significado, independentemente do sistema. A porção da realidade em que se fundam tais correspondências constitui um Modelo para o sistema, sendo considerado uma realização semântica do mesmo. Em sentido estrito, no entanto, tais modelos são sempre produzidos *a posteriori*, não tendo qualquer característica de fundação ou necessidade lógica. Na verdade, pretende-se que um sistema seja concebido de modo inteiramente independente de qualquer modelo, em função apenas das relações internas entre seus objetos. É possível — e é mesmo muito provável — que esta total imersão no nível sintático, reservando-se o nível semântico para uma instância posterior, com características de ilustração, não exista efetivamente na mente do matemático criador. Para sedimentar tal impressão, recorremos outra vez a Bachelard (1968, p. 52): "Diga o que disser, o algebrista pensa mais do que escreve".

Não é o caso, no entanto, de alongarmo-nos aqui em tal questão; o que nos interessa é apenas o fato de que, numa caracterização estrita mas nem de longe insólita, a dimensão semântica das linguagens formais surge inteiramente descolada da dimensão sintática, chegando a parecer mero acessório, como Granger (1974, p. 140) bem o registra: "Esta 'semântica', de fato, desempenha o papel de um auxiliar do estudo sintático das línguas formais".

Metáfora do usuário

A partir dessas considerações de natureza semiótica, delineiam-se algumas respostas à questão da relação entre a técnica e o significado, em situações de ensino. Comecemos com a análise da *metáfora do usuário*: os não especialistas aprenderiam a utilizar a Matemática, por exemplo, como em geral aprendem a manejar um eletrodoméstico ou mesmo a conduzir o automóvel. Interessaria apenas o saber fazer funcionar, não sendo necessário qualquer conhecimento de eletricidade ou mecânica que possibilitasse a atribuição de um significado mais profundo às ações que executam. Embora tal metáfora possa parecer plausível em certas atividades, relacionadas com a utilização de certos equipamentos, não é possível afirmar-se em qualquer desses casos que o usuário conhece o objeto que manipula. Mesmo se se admitisse a possibilidade de um conhecimento de natureza inteiramente técnica, limitando-se a um saber fazer sem uma compreensão mais ampla, sem qualquer explicação do que se faz, isto não abrangeria, com toda certeza, os casos da Língua Materna e da Matemática. Com efeito, é possível utilizar-se um código levando-se em consideração apenas sua dimensão sintática, o mesmo podendo ocorrer com uma linguagem formal; no entanto, conforme já foi examinado, a Língua não se restringe a um código, embora não prescinda de um, assim como a Matemática não se restringe a uma linguagem formal, ainda que não possa prescindir de uma. Em consequência, quando se atribui tanto à Língua como à Matemática o estatuto de sistemas de representação, a metáfora do usuário parece resultar inteiramente inadequada.

De fato, sistemas de representação são construídos de maneira contínua, em pleno uso, nunca estando definitivamente prontos e disponíveis apenas para serem utilizados. Não são como estradas construídas de uma vez para sempre mas, parafraseando o poeta,[9] como caminhos que se fazem ao caminhar.

É verdade que, para pôr em funcionamento um televisor ou um automóvel, pode-se prescindir completamente do significado das ações realizadas; no entanto, alguém que se disponha a produzir tais objetos dificilmente logrará seu intento sem uma clara compreensão de cada etapa do processo de produção. De modo análogo, com relação à Língua Materna e à Matemática, as pessoas em geral não podem ser classificadas

---

9. Ver Machado, A., 1979, p. 281.

como meros usuários; elas são — ou deveriam ser — caracterizadas realmente como produtores dos objetos dos sistemas em questão.

Naturalmente, não estamos considerando como produtores, de automóveis ou do que quer que seja, operários a quem foram distribuídas miríades de microtarefas, a serem realizadas de forma fragmentária e em grande quantidade, com total ignorância do projeto em que se inserem: como as máquinas que utilizam, eles também são utilizados no processo de produção e o parco valor atribuído ao seu trabalho decorre, de modo essencial, desta ignorância do significado global da tarefa que executam. Uma situação correlata no caso da produção do conhecimento parece conduzir à estruturação de sociedades com características reconhecidamente indesejáveis, como diversas utopias já tiveram a oportunidade de denunciar. Em seu *Admirável Mundo Novo*, por exemplo, Huxley (1972, p. 22) ironicamente registra:

> Como se sabe, os pormenores levam à virtude e à felicidade; do ponto de vista intelectual, as generalidades são males necessários. Não são os filósofos e sim os entalhadores e os colecionadores de selos que constituem o arcabouço da sociedade.

De um ponto de vista pedagógico, embora o processo de produção do conhecimento tenha características especiais, não podendo ser associado isomorficamente a processos industriais de produção de objetos físicos, metaforicamente tal associação parece muito mais pertinente e promissora, tendo em vista a ação docente. Ao que tudo indica, no entanto, no ensino da Língua Materna esta metáfora do fabricante encontra mais receptividade do que a do usuário; no caso da Matemática, não obstante a situação seja estruturalmente idêntica, a relação de forças se dá de forma diferente. De modo geral, existe um consentimento disseminado quanto ao tratamento da Matemática como um assunto cujo significado não é facilmente apreensível para a maioria das pessoas, o que abre caminho para que se estabeleça, sempre que possível, certo distanciamento voluntário ou então uma resignação à condição de usuário. Muitas das dificuldades com o ensino dessa disciplina parecem decorrer de tal resignação. Com efeito, ainda no bojo das metáforas em exame, quem não é capaz de fabricar um objeto necessário precisa adquiri-lo e para isso necessita de dinheiro; em termos epistemológicos, no entanto, a Língua Materna e a Matemática são as moedas fortes, os elementos imprescindíveis para as transações. Uma verdadeira autonomia intelectual, a que toda educação deve visar, somente se viabiliza na medida em que os indivíduos em geral sentem-se capazes de lidar com a Língua Materna e com a Matemática de modo construtivo e não apenas na condição de meros usuários.

No que diz respeito às relações entre os níveis sintático e semântico, também parece claro que o caminho sugerido pela Língua Materna tem-se revelado mais promissor, do ponto de vista pedagógico, do que o apontado pela Matemática. A maior proximidade entre a técnica e o significado parece ser o recurso decisivo de que se utiliza a Língua para disseminar a impressão generalizada de que, em sua seara, os problemas de natureza pedagógica são mais simples ou têm soluções mais factíveis do que no caso da Matemática. Na verdade, as questões envolvidas num e noutro caso são estruturalmente idênticas, tendo o mesmo grau de complexidade epistemológica. As soluções intentadas é que são significativamente distintas e, nesse sentido, a julgar pelas dificuldades crônicas com as quais convive seu ensino, à Matemática caberia dar o passo decisivo no sentido da aproximação das estratégias desenvolvidas no caso da Língua Materna.

A precedência da Técnica

Com relação à expectativa de que, na aprendizagem de qualquer assunto, seria necessária, uma abordagem inicial, limitada ao âmbito da técnica operatória, para só em um momento posterior conquistar-se a possibilidade de uma real compreensão, alguns esclarecimentos se fazem oportunos. Com efeito, tal prioridade é plenamente compreensível na aprendizagem de um código, assim como na de uma linguagem formal ou de um jogo. Nesses casos, as regras precisam ser bem conhecidas antes de se poder pensar em agir ou jogar. Além disso, não têm qualquer significado externo ao sistema que se considera. Como já vimos, no entanto, na aprendizagem da Língua Materna a oralidade surge em primeiro lugar, constituindo um suporte de significados, para a dimensão técnica da escrita. Naturalmente, a língua falada também comporta uma técnica que poderia preceder o significado dos elementos fônicos — o que de fato ocorre, conforme já foi examinado. Recordemos que, no funcionamento da Língua, as unidades da segunda articulação — os fonemas — não apresentam significados isoladamente, mas apenas quando compõem as unidades da primeira articulação — os monemas. É importante ressaltar, no entanto, que este degrau inicial, puramente técnico, onde se dá a apreensão dos fonemas, é transposto de modo natural, de uma só vez e para sempre, por todas as crianças em ambiente social, não constituindo um padrão a ser repetido nas diversas fases do aprendizado da Língua. Trata-se portanto de algo muito diferente do que ocorre com as linguagens formais, onde a prioridade da técnica permeia toda a utilização, reservando-se à dimensão semântica uma instância de aplicação ou verificação.

É justamente esta prioridade da técnica enquanto procedimento sistemático no processo de aprendizagem que não parece aceitável. Admiti-la significaria caracterizar a produção do conhecimento como um vetor com origem na prática cega e com extremidade na consciência da ação realizada, o que parece uma simplificação extrema do processo. Para melhor caracterizar tal processo de produção, no caso da Língua Materna, uma outra imagem pode ser mais representativa. A curta fase inicial de estruturação dos fonemas relaciona-se com o desenvolvimento posterior da aprendizagem da Língua assim como o motor elétrico de partida relaciona-se com o motor à explosão do automóvel: um e outro funcionam baseados em princípios inteiramente distintos, e uma vez dada a partida o que importa é o modo de operar do motor à explosão. Neste, o que interessa, de fato, é a harmonia e a alternância entre as etapas sucessivas, onde o funcionamento é tanto melhor quanto menos se distingue o término de uma e o início da seguinte. Analogamente, no caso do processo de produção do conhecimento, na aprendizagem da Língua ou da Matemática, a técnica alimenta o significado que alimenta a técnica... e assim por diante.

Esta alimentação permanente e recíproca entre a técnica e o significado fornece elementos para uma interpretação da afirmação de Ladrière numa das epígrafes desta seção. De fato, da técnica operatória podem resultar significações de natureza radicalmente distinta das que têm lugar na construção *a posteriori* de modelos interpretativos. Isto, no entanto, não ocorre "à maneira de um dicionário onde todas as significações são dadas de uma vez por todas, mas sim à maneira de um processo: à medida que as operações se realizam, constrói-se o sentido, sendo impossível estabelecer *a priori* qualquer limite para esta gênese" (Ladrière, 1977, p. 65).

Para a compreensão do referido processo, que se reveste de características bastante naturais no funcionamento da Língua Materna e que, no caso da Matemática, embora menos transparente, apresenta facetas extremamente fecundas, é fundamental uma maior aproximação entre os dois referidos sistemas de representação, viabilizando o estabelecimento de relações mais efetivas de alimentação mútua. Além disso, ao mesmo tempo que se acentua, a cada passo, a consciência tanto do paralelismo nas funções quanto da imbricação nas questões básicas, cresce também a necessidade de buscar a explicitação da especificidade dos papéis de cada um dos sistemas envolvidos, o que buscaremos na seção seguinte.

2.4 A complementaridade

> (...) na língua só existem diferenças.
>
> F. Saussure, 1987, p. 139.

> As matemáticas são a arte de atribuir a diferentes coisas o mesmo nome.
>
> H. Poincaré, apud Apéry, 1974, p. 119.

> Busca a tu complementario
> Que marcha siempre contigo
> Y suele ser tu contrario.
>
> A. Machado, 1979, p. 358.

Quando se busca a especificação das funções desempenhadas pelos dois sistemas básicos de representação da realidade, é comum aportar-se em simplificações em que são associadas à Matemática ou à Língua Materna, isoladamente, certas características que somente poderiam ostentar enquanto elementos de um par complementar. É o caso, por exemplo, da atribuição à Matemática da representação dos aspectos quantitativos da realidade, reservando-se, ainda que implicitamente, à Língua os aspectos qualitativos. Um pouco menos acentuada, embora facilmente detectável, é também certa tendência em atribuir-se ao discurso matemático o sentido da busca de uma unidade, de uma síntese, em contraposição ao que seria o caminho natural da evolução das línguas, no sentido da diversidade, da análise.

De fato, no nível do senso comum, a associação da Matemática a números ou a relações quantitativas parece natural e incontestável. Ao deparar com resultados de natureza qualitativa como os que soem ocorrer em Topologia, o homem comum até reluta em reconhecê-los como matemáticos. Com efeito, proposições como as que afirmam a equivalência topológica entre a esfera e o cubo, ou entre os signos "A" e "R", ou entre o "F" e o "T", ou a não equivalência entre uma xícara e um copo, ou entre o "O" e o "Q", são mais facilmente associadas a curiosidades ou brincadeiras do que à legítima Matemática.

Por outro lado, aceita-se como indiscutível o caráter sintético do discurso matemático, no sentido de que, em cada situação, ele retém e representa apenas os elementos essenciais, abandonando os circunlóquios ou os ornamentos retóricos, tantas vezes presentes em outros discursos. Relativamente à cardinalidade, por exemplo, o número 5 enquanto objeto matemático traduz a síntese das propriedades de todas as coleções de objetos que podem ser colocadas em correspondência um a um com os dedos de uma mão, pouco importando se se tratam de coleções de abacaxis, das vogais do nosso alfabeto ou dos poliedros de Platão.

No terreno filosófico, a separação dicotômica ou as relações de subordinação entre o qualitativo e o quantitativo há muito podem ser consideradas superadas. Hoje, não passa de mera curiosidade o registro da conhecida máxima de Rutherford que garantia não ser o qualitativo mais do que uma quantificação insuficiente.[10] Com certa naturalidade, com-

---

10. Ver, a respeito, Thom, 1988, p. 234.

preende-se, por um lado, que "a maior parte das qualidades é suscetível de ser graduada em intensidade por advérbios de intensidade, tais como pouco, muito, muitíssimo etc., e presta-se, portanto, à construção de um espaço quantitativo" (Thom, 1988, p. 226), e, por outro lado, que o próprio berço da quantificação — a aritmética — parece ter nascido de reflexões puramente qualitativas, no momento em que o homem se deu conta de que "o resultado de uma adição não dependia nem da natureza dos objetos contados, nem da sua forma, contanto que, no curso das manipulações de adição, a individualidade espacial de cada objeto seja preservada" (Thom, 1988, p. 227).

Com relação, no entanto, à preponderância na Língua da dimensão analítica, persistem certos resíduos de referências explicitas, registradas, por exemplo, por Condillac (1984, p. 113), para quem: "É a análise que faz as línguas" ou, mais incisivamente: "As línguas são métodos analíticos" (1984, p. 106), ou ainda, em relação à Matemática:

> A análise é, em geral, banida das matemáticas todas as vezes que se pode utilizar a síntese (...) Ela (a síntese) nos coloca fora do caminho das descobertas e, no entanto, o maior número de matemáticos imagina que este método é o mais próprio para a instrução (1984, p. 118, 119).

Sem dúvida, o próprio Condillac apresenta elementos que parecem conduzir à superação de uma nítida divisão de funções entre a Língua e a Matemática, apontando implicitamente para um terreno comum onde tais funções aparecem imbricadas. E o que ocorre, por exemplo, em afirmações como: "A análise não se faz e não se pode fazer a não ser com signos" (1984, p. 107), ou então: "É apenas à análise que devemos o poder de abstrair e generalizar" (1984, p. 113), ou ainda, mais explicitamente: "É próprio da síntese decompor e compor, é próprio da análise compor e decompor. Seria absurdo imaginar que estas duas coisas se excluem e que se poderia raciocinar proibindo tanto toda composição quanto toda decomposição" (1984, p. 118).

Não obstante tais considerações, parece-nos claro que a questão das relações entre a análise e a síntese configura um problema filosófico muito mais geral e mais complexo do que aquele que está sendo examinado, qual seja, o da complementaridade nas funções da Língua Materna e da Matemática. Nesse sentido, enveredar por tais searas significaria um desvio a ser evitado, tendo em vista os objetivos e os limites do presente trabalho.

Unidade e Diversidade

Neste sentido, consideramos muito mais fecundo o exame das associações sugeridas pelas frases de Saussure e Poincaré, em epígrafe nesta seção, nas quais o trabalho matemático é caracterizado como a busca ou a construção da unidade, enquanto a Língua é considerada por excelência o lugar da diversidade. Fazendo coro com Saussure, Miller (1987, p. 68) afirma que "não há na língua duas palavras que sejam semelhantes", enquanto Ricoeur (1977, p. 179) fá-lo-á com Poincaré, ao assegurar que "a alegria das matemáticas deve ser a mesma que a das artes ou da amizade; todas as vezes que pressentimos conexões em profundidade entre realidades, pontos de vista ou personagens disparatados, sentimo-nos felizes; a felicidade da unidade atesta um plano de vida que é mais profundo que a dispersão de nossa cultura".

É no contexto desta polarização que as funções da Matemática e da Língua Materna podem ser melhor compreendidas.

Em tempos recentes, no seio da obra de Lacan e de alguns de seus epígonos, é possível identificar uma tentativa de abordagem da questão em exame que nos parece interessante sobretudo pelo reconhecimento que subjaz da complementaridade entre a Matemática e a Língua Materna. Com efeito, a radicalização das características básicas dos dois sistemas conduziu Lacan à elaboração dos conceitos de *Matema* e *Alíngua*,[11] enfeixados na *Teoria de Alíngua*. Examinemos, ainda que de modo extremamente sucinto, tais concepções lacanianas.

Segundo Miller (1987, p. 74), a *Teoria de Alíngua* é apenas a tese saussuriana (expressa em epígrafe) levada até as últimas consequências.

---

11. O termo *Alíngua* é utilizado como um novo substantivo e não como a simples justaposição do artigo *a* à palavra *língua*, conforme será visto no que segue.

Alíngua não se confunde com a linguagem de uma maneira geral, nem com qualquer língua em particular. De modo literal, não há, em *Alíngua*, duas frases, duas palavras, dois sons que sejam idênticos, nem mesmo o "A" pronunciado agora ou daqui a alguns segundos. Ela é como um imenso e inconsistente depósito, a coleção de "pegadas" deixadas por todos os sujeitos falantes, a partir das quais a Gramática, a Lógica, a Matemática estabelecem suas balizas. Através dessas balizas, "o ser que fala talha seu caminho em *alíngua*" (Miller, 1987, p. 74).

Em seu estilo indireto, às vezes circular e sempre provocativo, Lacan afirma: "a linguagem é uma elucubração de saber sobre *alíngua*" (apud Miller, 1987, p. 74), ou ainda: "Há muito mais coisas em alíngua do que aquilo que a linguagem sabe sobre ela (...) O que se sabe fazer com *alíngua* ultrapassa de longe aquilo que se pode explicar através da linguagem" (apud Miller, 1987, p. 74).

Em defesa da pertinência do neologismo lacaniano, Miller (1987: 72) afirma:

> não havia palavra para *alíngua* antes que Lacan criasse a palavra, não havia palavra nem na lógica nem na linguística. Dizia-se "línguas naturais"; esta "natureza" faz rir e significa já pensá-la através do artifício formal. Dizia-se "língua corrente"; *alíngua* corre, é verdade, tão rápido que não a alcançamos, e o Aquiles linguista perde o alento. Dizia-se também "a língua de todos os dias", "a língua da conversação", mas é também a língua da criança no berço, sobre a qual se erige todo o edifício da lógica matemática (...) Dizia-se também "língua materna" e isto é, seguramente, muito melhor.

A nosso ver, o que faz, no entanto, com que esta concepção de *alíngua* transcenda o estatuto de uma mera questão terminológica é o fato de ela surgir, desde a origem, acompanhada de um parceiro fundamental e insubstituível: a noção de *matema*.

Segundo Miller (1987, p. 76),

> A doutrina de *alíngua* é inseparável da do *matema*. Enquanto *alíngua* somente se apoia no mal-entendido, vive dele, nutre-se dele, porque os sentidos cruzam-se e se multiplicam pelos sons, o *matema*, pelo contrário, pode

transmitir-se integralmente "sem anfibologia nem equivocação", para retomar os termos de Leibniz, porque é constituído de letras sem significação.

De modo mais explícito, ele afirma:

> O que é o *matema* talvez seja suficiente para representá-lo dizer isto: em um livro de lógica, está aquilo que se traduz e o que não se traduz. Aquilo que se traduz é essa linguagem que Otto Neurath, o Otto imortal das "frases protocolares" chamava *el argot*, o que se põe ao redor. Depois está aquilo que não tem necessidade de ser traduzido em um livro de lógica, de uma *alíngua* a outra, e isto é o *matema* (Miller, 1987, p. 77).

Na mesma trilha, Miller destaca que os *matemas* são uma condição de possibilidade da comunicação através da *alíngua*. Dado que, para Lacan, "o inconsciente está estruturado como uma linguagem" (apud Miller, 1987, p. 75), ou mais diretamente, "o inconsciente está feito de *alíngua*" (apud Miller, 1987, p. 74), em consequência, segue que, sem a mediação dos *matemas*, toda a Psicanálise não passaria de uma experiência inefável.

Não seria possível alongar-se mais na tentativa de destrinçar a complexa teia de noções lacanianas tanto em razão da natureza deste trabalho quanto — e sobretudo — por faltar-nos a necessária competência na área específica. As considerações precedentes têm, portanto, apenas a intenção do registro, em razão de percebermos no par conceitual *materna-alíngua* uma tentativa de captação das relações entre a Matemática e a Língua Materna que, embora apaixonada, como toda a obra lacaniana, não se reveste de características preconceituosas em relação a qualquer um dos sistemas envolvidos. A via que se abre, a partir de tais considerações, parece promissora para o desenvolvimento posterior de estudos mais aprofundados, com a imprescindível participação de especialistas das diferentes áreas envolvidas.

Retornemos, então, à polarização unidade/diversidade anteriormente sugerida e busquemos avançar mais alguns passos no sentido da explicitação da complementaridade que estamos examinando.

Sem dúvida, existem muitas razões que justificam a afirmação de Poincaré na frase em epígrafe. As operações de classificação, realizadas em um conjunto com uma grande quantidade de elementos, organizando-os em classes de equivalência, constituem um procedimento familiar aos matemáticos. Os elementos de cada classe são distintos mas são equivalentes entre si: são todos do mesmo "tipo", recebendo, em decorrência desse fato, uma denominação comum. Reunindo-se um representante de cada uma das classes, constrói-se um novo conjunto, uma espécie de mostruário dos tipos de elementos do conjunto inicial, que possibilita uma visão sintética do mesmo. A despeito do caráter extremamente simples, é muito difícil imaginar qualquer setor de atividade matemática que possa prescindir do processo classificatório descrito; os próprios números, dos inteiros aos reais, podem ser definidos a partir de classes de equivalência em processos semelhantes ao que foi descrito.

Uma outra via através da qual se consubstancia a afirmação de Poincaré é o reconhecimento em certas coleções de objetos que, à primeira vista, são inteiramente dispares, de certo conjunto de propriedades comuns, caracterizando algo como uma estrutura. Em decorrência, distintas coleções passam a ser identificadas, sinteticamente, pela estrutura que apresentam, constituindo, assim, novo objeto matemático. Embora seja necessária alguma cultura matemática para que se possa apreciar plenamente a unificação operada nesses casos, é possível perceber os passos dados em tal direção quando são identificadas, do ponto de vista estrutural, coleções de elementos tão diversos quanto o conjunto dos números inteiros, o conjunto dos polinômios ou o conjunto das matrizes quadradas de determinada ordem: os três podem ser tratados como concretizações de um só objeto matemático que é uma estrutura chamada *Anel*.

Modernamente, a Matemática parece caminhando cada vez mais no sentido de abrigar sob o mesmo nome coisas de aparência cada vez mais diversas, de reconhecer a mesma estrutura, o mesmo "esqueleto" sob as mais variadas roupagens, nos mais distintos contextos. Um tema matemático fecundo e atual como a *Teoria das Categorias* é um exemplo candente: utilizando-se sua linguagem, é possível tratar, de maneira unificada, de assuntos para os quais, isoladamente, muitas páginas a mais são exigidas. Objetos matemáticos como Conjuntos, Grupos ou Espaços Topológicos, cada um dos quais já configurando uma síntese notável, podem ser tratados agora como um objeto único, uma Categoria, cujas propriedades, uma vez apreendidas, irradiam-se através de suas múltiplas faces, atingindo realidades cada vez mais díspares a partir do mesmo centro. Numa interessante imagem, o matemático Herrlich (1973, p. 1) sugere que, até o advento da Teoria das Categorias, a Matemática tratava não de árvores individualmente mas da estruturação de florestas; com as Categorias, um novo nível de abstração foi atingido, onde o que se pesquisa não são mais as características de cada floresta isoladamente, mas as propriedades gerais das florestas, as que permanecem válidas em qualquer uma delas.

Homologamente, na Língua Materna, desde as atividades de iniciação, é a atividade analítica que parece sobrelevar. Com efeito, a própria decomposição da faixa de sons que o aparelho fonador humano é capaz de produzir em cerca de 40 sons básicos, que constituirão os fonemas nas diversas línguas, pode ser caracterizada como um processo de análise. Nesse sentido também se pode interpretar o fato de as sucessivas edições de um mesmo dicionário conterem um número de palavras cada vez maior, ao mesmo tempo em que cada um deles funciona essencialmente como um repositório de sinônimos. *Grosso modo*, isso parece indicar que as línguas efetivamente desenvolvem-se no sentido da variedade crescente.

Dupla mão de direção

Na verdade, no entanto, nem a Matemática caminha apenas no sentido da unidade, da síntese, nem as línguas no sentido da diversidade, da análise. Na Gramática, como na Literatura, é possível perceber, entrelaçadamente, tanto um sentido de análise como um de síntese, tanto uma tendência à variedade quanto um esforço de unificação. O significado das categorias gramaticais, por exemplo, é o de uma classificação em sentido análogo ao das operações de classificação em Matemática: substantivos, adjetivos etc. constituem legítimas classes de equivalência, com um sentido de síntese. Por outro lado, os substantivos podem ser classificados em uma grande variedade de tipos — próprios, comuns, concretos, abstratos etc. — caminhando-se, assim, em um sentido analítico. Similarmente, em

Matemática, se uma estrutura como um *anel* serve de "esqueleto" para roupagens tão distintas como as que foram anteriormente citadas, também é verdade que se distinguem, enquanto objetos matemáticos, anéis de integridade, anéis comutativos, anéis fatoriais etc. Assim, parece claro que tanto a Língua como a Matemática desenvolvem-se simultaneamente em ambos os sentidos, o da unidade e o da diversidade, em um permanente e indissociável processo de ir e vir cuja dinâmica importa, cada vez mais investigar. Ainda que, como a Lua, os dois sistemas apresentem continuamente voltada para nós apenas uma das faces — a pulsão pela unidade, no caso da Matemática, ou a pulsão pela diversidade, no caso da Língua, a outra face é igualmente importante, não podendo ser descurada sob pena de não compreendermos o significado global de cada um dos sistemas.

Para concluir, destaquemos um fato, a nosso ver bastante significativo, tendo em vista a questão que estamos examinando: nenhuma das numerosas tentativas levadas a efeito até hoje de tratar a Matemática como uma Língua, ou uma Língua como Matemática, chegou a bom termo ou estabeleceu raízes fundas. Condillac, por exemplo, com sua *Língua dos Cálculos* não logrou alinhavar senão um arremedo de Matemática. Analogamente, os diversos responsáveis pelas tentativas de construção de uma língua universal foram, em sua maioria, seduzidos pela perspectiva de criar uma língua sem ambiguidades, com uma gramática inteiramente lógica, que funcionasse de modo análogo à Matemática. Raríssimos foram os casos em que tais tentativas sobreviveram ao entusiasmo de seus criadores e nenhuma delas logrou alcançar o estatuto de uma verdadeira língua.

A esse respeito, em interessante estudo comparativo de algumas dezenas dessas línguas universais, Rónai[12] diagnostica que, em sua maioria, elas padecem de certas enfermidades congênitas. Uma delas é o pressuposto de que coisas semelhantes devem ter nomes semelhantes, uma atenuação do pressuposto matemático de dar o mesmo nome a coisas equivalentes. Decormis, o criador de uma dessas línguas, chamada Universal,[13] denomina, por exemplo, as refeições, de um dia, quais sejam, o café da manhã, o

---

12. Trata-se do interessante texto (Rónai, 1970).
13. Ver, a respeito, Rónai, 1970, p. 113.

almoço e o jantar, de fagèprioe, fagemioe e fagèzioe. Tudo se passa como se tais nomes correspondessem aos valores de uma função f, que representaria a refeição, aplicada aos "estados" manhã, meio-dia e noite, daí resultando as correspondentes imagens f (manhã), f (meio-dia) e f (noite). Rónai (1970, p. 116) comenta, a respeito, que "por mais ilógicas que sejam as nossas despretensiosas palavras portuguesas, precisamente por serem diferentes, servirão bem melhor para, digamos, fazer um convite pelo telefone. Dá-se o mesmo em relação aos designativos dos meses, das cores etc., tão parecidos que provocam inevitavelmente confusão".

A nosso ver, é precisamente a ignorância da complementaridade nas funções a serem desempenhadas pela Língua Materna e pela Matemática a razão determinante do indiscutível fracasso de todas essas tentativas. A compreensão desse fato é absolutamente fundamental para evitar a tentação de superação das dificuldades com o ensino através do elogio entusiasmado de qualquer um dos dois sistemas, em detrimento do outro.

2.5 Resumo: a essencialidade da impregnação

> Gostaria de encontrar uma expressão para a dualidade. Gostaria de escrever parágrafos e capítulos inteiros, onde aparecessem simultaneamente acordes e desacordes, onde à variedade se unisse a unidade, e à seriedade o humor. Pois exatamente aí é que para mim reside a vida: no flutuar entre dois polos, no ir e vir por entre as duas colunas que suportam o mundo. Gostaria de sempre apontar a imensa variedade do mundo e de lembrar que esta variedade repousa sobre a unidade.
>
> H. Hesse, 1975, p. 111.

Ainda na antessala deste trabalho, delineamos, *grosso modo*, a empreitada pretendida; no resumo inicial,

- anunciamos a existência de uma impregnação mútua entre a Matemática e a Língua Materna;

- caracterizamos tal impregnação através do paralelismo nas funções que os dois temas desempenham, enquanto componentes curriculares, da complementaridade em suas metas principais e da imbricação nas questões básicas relativas ao ensino de ambas;
- destacamos a necessidade do reconhecimento da essencialidade da referida impregnação, bem como de tê-la como fundamento para a superação das dificuldades com o ensino de Matemática.

Ao longo do Capítulo 1, ao analisarmos as características mais frequentes que o senso comum associa à Matemática, pudemos vislumbrar relações estreitas entre os dois temas, na medida em que tais características quase sempre mostraram-se igualmente compatíveis com a caracterização da Língua Materna, por analogia, homologia ou mesmo contraposição.

Neste Capítulo 2, buscamos uma maior explicitação da referida impregnação, examinando com mais vagar certas questões gerais de natureza semiótica, através das quais tivemos a intenção de desnudar seus principais suportes. Não nos pareceu factível a tarefa de analisar isoladamente cada um deles: o grau de coesão que apresentam tornaria impraticável examinar o paralelismo nas funções sem imiscuir-se na complementaridade, ou considerar a complementaridade sem referir-se às imbricações. De fato, para compreender o paralelismo sem resvalar para uma identificação é imprescindível levar em conta a complementaridade, enquanto que para apreender a complementaridade sem aportar em dicotomias é fundamental perceber as imbricações. Assim, o caminho trilhado foi o do exame de certas questões gerais, consideradas como balizas a partir das quais se pretendeu tecer uma teia capaz de capturar o verdadeiro sentido em que podemos falar de uma impregnação mútua entre a Matemática e a Língua Materna.

Na seção 2.1, detivemo-nos no fato de que, no desempenho de suas funções básicas, a Língua Materna não pode ser caracterizada apenas como um código, enquanto que a Matemática não pode restringir-se a uma linguagem formal: a aprendizagem de cada uma das disciplinas deve ser considerada como a elaboração de um instrumental para um mapeamento da realidade, como a construção de um sistema de representação.

A Matemática e a Língua Materna, diferentemente dos variados ramos do conhecimento que as utilizam, constituem condição de possibilidade do conhecimento em qualquer ramo, sendo responsáveis inclusive pela produção dos próprios instrumentos que irão utilizar; nessa condição é que deveriam ser ensinadas. A ênfase no paralelismo nas funções bem como a indicação da forma natural segundo a qual a impregnação entre os dois sistemas tem lugar no dia a dia, na fala ordinária, conduziu a discussão à questão das relações entre a oralidade e a escrita, levada a efeito na seção 2.2.

Aqui, dois fatos mereceram especial destaque:

- a importância da oralidade como suporte de significações para o aprendizado da escrita e
- a ausência de uma oralidade endógena nas linguagens formais.

Em consequência, o inevitável empréstimo da oralidade que a Matemática deve fazer à Língua Materna, sob pena de reduzir-se a um discurso sem enunciador, ao mesmo tempo que destaca uma relação de complementaridade entre os dois sistemas, por esta via põe em evidência a essencialidade da impregnação entre ambos.

Na seção 2.3, a questão da relação que se estabelece entre a técnica e o significado no aprendizado dos dois sistemas serviu de base para pôr em relevo a imbricação de certas questões fundamentais relativas ao ensino de ambos. De fato, uma hipertrofia na dimensão sintática revela-se problemática, tanto no ensino da Língua Materna quanto no ensino da Matemática, embora o problema seja mais facilmente reconhecido no caso da Língua. Também na consideração da prioridade da técnica ou do significado, ou ainda da emergência da técnica a partir do significado — ou vice-versa —, as análises revelaram indiscutíveis similaridades num e noutro caso.

Finalmente, na seção 2.4, ao considerarem-se os papéis da Matemática e da Língua pudemos perceber de forma mais articulada todas as características da impregnação inicialmente anunciada, sobretudo no que diz respeito à complementaridade nas metas perseguidas. Com efeito, em ambos os sistemas estão presentes tantos aspectos qualitativos quanto aspectos quantitativos da realidade, tanto o sentido da análise quanto o da síntese, não passando de uma simplificação inaceitável a caracterização da Língua como o lugar da diversidade ou do qualitativo e a Matemática como o lugar da unidade ou do quantitativo. Em vez disso, é possível reconhecer em ambos os casos um processo de natureza cíclica, "um permanente ir e vir entre as duas colunas que suportam o mundo", a unidade e a variedade, conforme assinalou Hesse no trecho em epígrafe. Para a apreensão desse fecundo processo de ir e vir, é fundamental o reconhecimento de que, ainda que a Matemática pareça sempre orientar-se no sentido da unidade, tal unidade é sempre operada a partir de uma diversidade e caminha inevitavelmente no sentido de diversidades posteriores. No caso da Língua, a permanente aparência de análise não pode elidir o fato de que a realidade já se apresenta ao sujeito do conhecimento como o resultado de uma visão sintética, como um feixe de relações determinantes de seu significado, e que se as análises se processassem indefinidamente, não conduzindo, a cada passo, a novas sínteses, em bem poucos passos atingir-se-ia uma dispersão tal que a própria possibilidade do conhecimento deixaria de existir.

É a partir desse contínuo movimento de alternância entre a diversidade e a unidade que se pode pretender construir a especificidade das funções da Matemática e da Língua Materna, que se correspondem como imagens especulares, como o direito e o avesso, sem possibilidade de identificação. Enquanto *mathesis*, ambas configuram uma ordem, uma organização, operando através de análises e conduzindo a sínteses tanto mais importantes quanto mais abrangentes; o *leitmotiv* do processo é, no entanto, distinto nos dois casos. Com efeito, segundo Pound (1976, p. 40): "Grande literatura é simplesmente linguagem carregada de significado até o máximo grau possível", enquanto que, por paradoxal que pareça, quanto mais significativo é um objeto matemático menos vinculado ele se encontra a qualquer significado particular. A partir daí, é possível afirmar-se que, através da Língua, busca-se a expressão de um sentido global através da análise de uma situação particular; quanto maior é o valor da obra literária, mais eficazmente comunica-se tal sentido. Para citar apenas um exemplo, o pacto entre Fausto e Mefistófeles, magistralmente caracterizado por Goethe em sua obra clássica, não retrata apenas os conflitos íntimos de um indivíduo particular, deflagrando em vez disso uma múltipla ressonância numa grande diversidade de indivíduos, numa grande variedade de contextos. Por outro lado, na Matemática, embora a meta perseguida seja a mesma construção ou percepção de uma ordem, de um sentido global, a tentativa de expressá-lo tem como fundamento a utilização de abstrações de níveis mais elevados, cada vez mais independentes dos significados particulares que lhes poderiam ser associados. Teorias atuais, como a das Categorias ou a das Catástrofes,[14] espelham bem a tendência cada vez mais acentuada nesse sentido. Na primeira, dos elementos genéricos passou-se aos objetos universais, das propriedades dos objetos às propriedades enquanto objetos, às propriedades das propriedades, e assim por diante. Na segunda, entre as aplicações mais insignes encontram-se aquelas que dizem respeito à Linguística,[15] em especial à questão candente da relação entre a técnica e o significado nas linguagens formais. Em consonância com esses fatos, não chega a ser surpreendente, por exemplo, que a Teoria das Categorias apresente-se como uma nova linguagem, "uma linguagem que proporciona economia de pensamento e expressão assim como permite uma comunicação mais fácil entre investigadores de diferentes áreas, uma linguagem que faz aflorar as ideias básicas comuns que subjazem a vários teoremas ou construções ostensivamente não relacionados; e consequentemente uma linguagem que fornece um novo contexto no qual se pode examinar velhos problemas" (Herrlich, 1973, p. 1) ou, ainda, que a Teoria das Catástrofes pretenda caracterizar-se como uma morfologia genérica, da qual a morfologia linguística não passaria de um caso particular.

Ainda com relação à permanente alternância entre a unidade e a diversidade, como na pulsação entre a diástole e a sístole, uma situação singular parece ocorrer na linguagem poética, conforme insinuam ou reconhecem tanto matemáticos quanto linguistas. É de Weierstrass, por exemplo, o conhecido aforismo: "O matemático que não é também um pouco poeta nunca será um matemático completo" (apud Bell, 1937, p. xv),

---

14. Ver, a respeito, Thom, 1972 e 1985.
15. Ver especialmente Thom, 1974, p. 148.

enquanto Pound é ainda mais explícito a esse respeito, ao definir a poesia como "uma espécie de matemática inspirada, que nos fornece equações não para figuras abstratas, triângulos, esferas etc., mas equações para emoções humanas" (apud Campos, 1977, p. 86).

Sem qualquer possibilidade de alongarmo-nos aqui sobre essa interessante confluência entre a Matemática e a poesia, destacamos apenas o fato de que a preocupação com a forma, a importância da técnica, consubstanciada na métrica e no ritmo, as metáforas pertinentes, as imagens analógicas, favorecendo a percepção de "conexões em profundidade entre realidades, pontos de vista ou personagens disparatados",[16] tudo isso contribui para que a linguagem poética afigure-se, às vezes, tão próxima da linguagem matemática que Fernando Pessoa, em um curto poema, chegou a afirmar (Pessoa, 1969, p. 109):

> O binômio de Newton é tão belo como a Vênus de Milo
> O que há é pouca gente para dar por isso.
> óóó — óóóóóóóó — óóóóóóóóóóóóóóóó
> (O vento lá fora)

A impressão que fica é a de que, mesmo sem desviar-se significativamente das especificidades referidas, a consideração dessa confluência pode vir a revelar certas facetas da impregnação entre a Matemática e a Língua Materna até então quase completamente inexploradas.

Essa semente, no entanto, deverá aguardar condições mais propícias de germinação, no que poderia vir a constituir um novo trabalho. No presente, resta ainda a perseguição do último objetivo dentre os três anunciados no início, qual seja a explicitação de formas de abordagem dos conteúdos matemáticos usualmente tratados nos currículos escolares que levem em conta a impregnação que até aqui pretendemos caracterizar, utilizando-a organicamente no sentido da superação das dificuldades mais frequentes com o ensino de Matemática.

Alguns passos serão dados nesse sentido ao longo do próximo capítulo.

---

16. Conferir com Ricoeur, citado à p. 128 deste trabalho.

CAPÍTULO 3

DA IMPREGNAÇÃO À AÇÃO

Gris, caro amigo, é toda teoria
E verde a áurea árvore da vida.

Goethe, 1981, p. 94.

3.1 Considerações gerais

> Na realidade, desejo indicar que o professor de matemática é o mais próximo do professor de língua e literatura.
>
> J. Bruner, 1969, p. 140.

> No jardim do Paraíso, Adão viu os animais antes de nomeá-los; no sistema tradicional (de ensino), as crianças dão nomes aos animais antes de vê-los.
>
> A. N. Whitehead apud Korzybski, 1933, p. 369.

Em nosso percurso até este ponto, procuramos minimizar as referências mais incisivas a temas curriculares específicos de Matemática, com o intuito de manter aberto um canal de comunicação, mesmo com indivíduos não especialistas no assunto. De maneira geral, consideramos que a questão do ensino de Matemática, como no caso de Língua Materna, reveste-se de interesse absolutamente geral, não podendo permanecer adstrita ao universo dos especialistas. Por outro lado, a cada passo tentamos estabelecer vínculos entre os temas tratados e a ação docente, entrevendo caminhos a serem trilhados na concretização de uma prática pedagógica compatível com os resultados de cada análise realizada. Assim, cultivamos a expectativa de não permanecer apenas no inevitável gris de toda teoria, preparando o terreno para a emergência de formas efetivas de operacionalização.

A partir de agora, vamos dirigir nossa atenção precipuamente para tais formas, sendo inevitável portanto uma presença mais acentuada do conteúdo matemático usualmente tratado nas escolas.

De modo geral, as considerações decorrentes das análises já realizadas revelam-se pertinentes em todos os temas matemáticos sobre os quais concentramos nossas atenções, nos vários níveis de ensino. Em qualquer caso, em situações de ensino de Matemática,

- é fundamental a mediação da oralidade, emprestada da Língua Materna e que funciona como um degrau natural na aprendizagem da escrita;
- é importante que os objetos matemáticos, como as palavras que utilizamos ordinariamente, sejam apreendidos prenhes de significações e não como meras formas vazias, destinadas a interpretações posteriores;
- é necessária uma articulação mais consistente entre os papéis da análise e da síntese na construção do conhecimento matemático, de modo a harmonizar-se uma visão global, sintética, de cada tema com uma postura analítica, capaz de esmiuçar, enriquecer, aprofundar;
- é essencial o reconhecimento da importância dos resultados aproximados, das estimativas, das questões em aberto ou impossíveis de responder no seio de problemas caracteristicamente matemáticos;
- é imprescindível a aceitação do fato de que não se deve fugir das abstrações, hipertrofiando a importância do concreto, bem como de que lidar com abstrações não é característica exclusiva da Ma-

temática, estando presente de modo igualmente marcante na constituição da Língua Materna.

Muitas considerações, já amealhadas ao longo de todo o percurso até este ponto, poderiam ser aqui sublinhadas, como as precedentes. Tendo-as como referência, isolava ou conjuntamente, cada tema a ser ensinado comportaria uma estruturação compatível, explicitando-se formas de operacionalização. Conforme anunciamos na Introdução deste trabalho, não nos propomos, no entanto, a passar em revista os conteúdos matemáticos do currículo da escola básica, por não considerar tal tarefa compatível com os limites de um só indivíduo ou de um só trabalho. Em vez disso, propomo-nos a examinar dois assuntos específicos — a Geometria e o Cálculo — tentando sugerir, através deles, como poderia ser realizada a passagem das considerações gerais, acordadas no nível do discurso, até as ações concretas nas salas de aula. Ao projetar tais ações, será possível revelar mais claramente ao professor de Matemática sua grande proximidade com o professor da Língua Materna, como bem caracterizou Bruner, na epígrafe desta seção.

3.2 A Geometria

> O pensamento matemático chinês foi sempre profundamente algébrico, não geométrico (...).
>
> J. Needham, 1977, p. 17.

> (...) a geometria euclidiana limita-se a aplicar a uma situação mais rígida e melhor determinada uma atividade presente na linguagem diária...
>
> R. Thom, 1971, p. 698.

> (...) melhor do que o estudo do espaço, a geometria é a investigação do "espaço intelectual" já que, embora comece com a visão, ela caminha em direção ao pensamento, vai do que pode ser percebido para o que pode ser concebido.
>
> D. Wheeler, 1981, p. 352.

Nenhum assunto presta-se mais à explicitação da impregnação entre a Matemática e a Língua Materna bem como a uma estruturação compatível da ação docente do que a Geometria. De qualquer ponto de vista que se a examine, trata-se de um tema singularmente fecundo, com um significado epistemológico reconhecido pelas mais variadas concepções filosóficas, como em Platão, Descartes, Kant ou Husserl, para citar apenas alguns exemplos.

Também não parece haver qualquer dúvida sobre o fato de os primeiros conhecimentos de natureza geométrica derivarem de resultados empíricos relacionados com medições de terras, construções arquitetônicas, determinações de áreas ou volumes, como no Antigo Egito, ou ainda a cálculos astronômicos envolvidos na fixação do calendário, como entre os babilônios. Entretanto, é apenas na Grécia, por volta do século III a.C., com os trabalhos de Euclides, que a Geometria logrou uma notável sistematização, tornando-se modelo de organização do conhecimento em qualquer área.

Como se sabe, em *Os Elementos*, Euclides transcendeu em muito a simples coleta e correspondente classificação dos numerosos resultados empíricos ou técnicas operatórias desconexas, amealhados ao longo de milênios em diferentes culturas e cujo significado mais profundo não se conseguia vislumbrar, sendo frequentemente associados a uma origem mística ou misteriosa, como entre os pitagóricos ou os platônicos. A interpretação do trabalho euclidiano na perspectiva do momento presente sugere que Euclides teria compreendido plenamente o fato de que a estruturação do conhecimento geométrico deveria começar por uma assepsia na linguagem, com o esclarecimento das noções utilizadas de modo intuitivo. Uma vez que tais noções decorrem umas das outras, articulando-se em uma grande cadeia, não seria possível definir tudo sem evitar a circularidade. Assim, algumas poucas ideias básicas, supostas suficientemente claras, para serem intuídas de maneira direta foram aceitas como *noções primitivas*, e a partir delas foram elaboradas *definições* para todas as demais noções geométricas, dirimindo-se quaisquer dúvidas a respeito do significado dos termos utilizados. Quanto à justificativa das proposições geométricas, em vez de considerá-las independentemente, buscando apenas nas evidências empíricas as razões para sua aceitação ou refutação, passou-se também a encadeá-las, a deduzir umas a partir de outras, utilizando-se nas ligações elementos de natureza lógica. Também aqui, para evitar a circularidade, algumas poucas proposições foram inicialmente admitidas — são *os postulados* geométricos —, e a partir deles, tendo apenas a lógica como cimento, foram construídos argumentos para justificar ou refutar todas as demais proposições, que constituíam os *teoremas*. Assim, a estruturação da Geometria operada por Euclides pode ser representada esquematicamente através do seguinte diagrama:

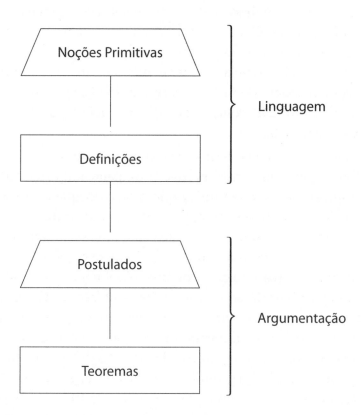

O trabalho de Euclides influenciou de modo significativo, do ponto de vista da forma, praticamente todas as empreitadas de sistematização que lhe sucederam por mais de dois mil anos, como, por exemplo, em meados do século XVII, a de Newton, na estruturação da Mecânica, ou mesmo a de Spinoza, no terreno da Ética. Em seu pioneirismo, Euclides teve o inequívoco mérito de evidenciar uma aproximação entre questões geométricas e questões linguísticas, antecipando, em forma rudimentar, questões que só muito mais tarde seriam devidamente examinadas, no estudo das propriedades dos sistemas formais. A esse respeito, Thom (1971, p. 698) destaca que "a geometria euclidiana constitui o primeiro exemplo de transcrição de um processo espacial bi ou tridimensional para a linguagem unidimensional da escrita".

Mesmo o desenvolvimento das geometrias não euclidianas, a partir do século XIX, por paradoxal que pareça, reforçou e amplificou a importância do trabalho de Euclides. De fato, se do ponto de vista do significado os resultados exibidos pelas novas geometrias pareceram, a princípio, escandalosos, do ponto de vista da forma tudo não passou de simples substituição de uma das colunas do edifício euclidiano, mantendo-se intacta sua estrutura básica.

Quando se considera o ensino da Geometria, o grande prestígio da sistematização euclidiana tem-se prestado no entanto muito mais a desvios ou a incompreensões do que a uma exploração consequente. Com efeito, embora Euclides não tivesse qualquer pretensão de natureza didática, caracterizando seu trabalho claramente como uma sistematização *a posteriori* de um conhecimento acumulado de maneira empírica ao longo de vários milênios, inadvertida ou incompreensivelmente, ele sói ser considerado ponto de partida tanto para a apresentação da Geometria em atividades didáticas quanto em estudos sobre a psicogênese do conhecimento geométrico. Sem qualquer outra intenção senão a de registrar este fato, transcrevemos o seguinte trecho de um livro didático de boa qualidade, há pouco editado:[1] "A geometria possni uma longa história. Pode-se considerar que seu nascimento ocorreu ao século III a.C., quando um matemático grego chamado Euclides escreveu *Os elementos* — uma coleção de livros sobre a Geometria".

---

1. Trata-se de Nery (et al.), *Curso de Matemática*, Editora Moderna, São Paulo, 1986, v. 2, p. 216.

No mesmo sentido, encontramos no preâmbulo de uma interessante análise sobre a psicogênese das estruturas geométricas:

> Ainda que a história da matemática não comece com os gregos, resulta conveniente tomar a Grécia como ponto de partida (...). A conveniência resulta somente da continuidade histórica que pode estabelecer-se, a partir dos helenos, em um processo cujas etapas sucessivas podem seguir-se passo a passo até os nossos dias, apesar de um acúmulo de incertezas iniciais (Garcia, apud J. Piaget et al., 1984, p. 88).

Naturalmente, não segue daí que, no primeiro caso, o trabalho didático organize-se de maneira rígida nos moldes euclidianos, nem no segundo caso que se ignore a existência de conhecimentos geométricos em civilizações anteriores à grega. Tais trechos são reveladores sobretudo do fato de que, enquanto disciplina escolar ou matéria para análises psicogenéticas, a sistematização de Euclides parece o ponto de partida natural para a Geometria. Tudo o que o precedeu, ainda que reconhecidamente necessário, situar-se-ia no limiar do conhecimento verdadeiramente geométrico.

Polarização Empírico × Formal

De maneira geral, é possível reconhecer, em situações de ensino, uma polarização entre as atividades preparatórias — como a observação e a manipulação de objetos concretos, a caracterização das formas mais frequentes através de atividades empíricas — e a sistematização do conhecimento geométrico que se seguirá, onde predominarão as definições precisas, o enunciado cuidadoso das propriedades estruturais, o encadeamento de proposições nas justificativas formais ou informais de certos resultados, que são os teoremas.

Predominantemente, nas quatro séries iniciais da escolarização, as atividades relacionadas com a Geometria resumem-se às do primeiro tipo; já nas quatro séries seguintes, quando, a julgar pelos programas, se adentra verdadeiramente o assunto, o centro de gravidade desloca-se para o outro polo, o do exercício de lógica. É interessante notar que, nas quatro séries iniciais, os alunos têm contato com objetos tridimensionais, como cubos, prismas, esferas, cilindros, cones; já nas séries seguintes, a realidade cede quase que completamente o lugar às representações planas, em geral de figuras planas, como um estágio preparatório no caminho para a unidimensionalidade de uma formalização que quase nunca se completa na escola. É como se o estágio perceptivo inicial estivesse destinado exclusivamente a atividades infantis, conduzindo, depois, a uma ruptura tal que possibilitaria a caracterização da Geometria tendo em vista apenas seu conteúdo lógico.

A nosso ver, a possibilidade de tal ruptura constitui sério desvio no ensino da Geometria, do qual não lograram escapar mesmo observadores extremamente críticos da função da escola e da importância dos conteúdos do ensino. Snyders, por exemplo, em um texto veemente em que sugere a possibilidade de uma pedagogia de inspiração marxista através da renovação dos conteúdos escolares, situa-se claramente no desvio apontado acima. Ao ilustrar seus pontos de vista, utilizandose da Geometria, ele afirma:

> Aprender geometria é criarmo-nos uma atitude de matemático que permite verificar, por ela mesma, a exatidão dos teoremas, compreendê-los e, portanto, aprendê-los e finalmente desenvolvê-los; refazer por si mesma o caminho que conduz a determinada demonstração e continuar esse caminho ou, pelo menos, pressentir-lhe o prolongamento (Snyders, 1978, p. 311).

Decididamente, quando um não especialista se refere à Geometria, tem em mente algo com características bastante distintas das que lhe atribui Snyders, o mesmo acontecendo com um engenheiro ou um arquiteto ao utilizarem tal assunto na concepção e na realização de seus projetos. Por outro lado, a limitação às atividades concretas é, sem dúvida, insuficiente, mesmo nas séries iniciais do ensino. Qualquer que seja o nível considerado, é fundamental o estabelecimento de articulações consistentes entre as atividades perceptivas e os momentos de concepção, das inter-relações entre o conhecimento empírico e a sua sistematização.

Para uma melhor compreensão das inter-relações suprarreferidas, retornemos às considerações levadas a efeito por Thom, registradas no início deste trabalho,[2] caracterizando a Geometria como um intermediário natural entre a linguagem ordinária e o formalismo matemático. Segundo Thom (1971, p. 698), a função primordial da linguagem ordinária "é a de descrever os processos espácio-temporais que nos circundam, cuja topologia se manifesta na sintaxe das frases que os descrevem".

A possibilidade de captação das várias dimensões do espaço-tempo nos limites da unidimensionalidade da linguagem escrita teria lugar tanto através da utilização de recursos pictóricos, de representações bidimensionais, quanto através da mediação da oralidade. É certo que a oralidade também tem um caráter unidimensional, uma vez que os enunciados vocais sucedem-se no tempo, sendo captados necessariamente em sequência linear; no entanto ela dispõe de recursos expressivos atenuantes da linearidade, como a entonação ou mesmo os gestos.

Neste quadro é que se pode situar a essencial intermediação da Geometria sugerida por Thom. Em suas próprias palavras:

> Na Geometria euclidiana nos encontramos com o mesmo funcionamento da linguagem, mas desta vez o grupo de equivalências que atua entre as figuras é um grupo de Lie (o grupo métrico), em lugar dos grupos de invariância de caráter bem mais topológico das *Gestalten*, que nos permitem reconhecer os objetos do mundo exterior descritos por uma palavra da linguagem natural.

Dessa perspectiva, torna-se possível compreender como as diferentes formas de estruturação do pensamento associadas, por um lado, às linguagens alfabéticas, como a nossa, e, por outro lado, às linguagens ideográficas, como a chinesa, conduziram naturalmente a diferentes concepções da Geometria. Nas linguagens alfabéticas, a mediação da oralidade prepondera em relação a das representações pictóricas, ocorrendo exatamente o oposto no caso das linguagens ideográficas. Dado que, ainda segundo Thom (1971, p. 698), "o estágio do pensamento geométrico é algo impossível de suprimir no desenvolvimento normal da

---

2. Ver p. 26-7.

atividade racional do homem", decorre naturalmente que a Geometria afigura-se de importância maior no pensamento ocidental do que no oriental, fato esse bem examinado por Needham em diversos estudos comparativos.[3] No pensamento ocidental, no entanto, o papel que é reservado à Geometria encontra-se parcialmente obnubilado por uma interpretação demasiado estreita, restrita ao âmbito da sistematização euclidiana. Com efeito, não obstante o fato de a Geometria ter sido o primeiro exemplo de uma formalização bem-sucedida, sua função mediadora na transcrição para a língua escrita dos processos espaço-temporais não se encontra comprometida com sua apresentação como um sistema formal. Não é necessário em nenhum sentido estruturar a Geometria tendo por base um vetor com origem nas atividades perceptivas e extremidades nas sistematizações conceptuais: é fundamental saber articular a percepção e a concepção, divisando degraus convenientes para possibilitar entre ambas um trânsito natural, com dupla mão de direção. É precisamente este o ponto que será examinado a partir de agora, tendo em vista a formulação de uma proposta de abordagem da Geometria que configure uma alternativa para a abordagem euclidiana, sem desfigurar-lhe as legítimas intenções mediadoras na aproximação entre a Língua e a Matemática.

Tetraedro Epistemológico

Na perspectiva apontada acima, é possível caracterizar o conhecimento geométrico através do que consideramos suas quatro faces: a *Percepção*, a *Construção*, a *Representação* e a *Concepção*. Não são fases, como as da Lua, que se sucedem linear e periodicamente, mas faces, como as de um *tetraedro*, que se articulam mutuamente, configurando uma estrutura a partir da qual, de modo metafórico, pode-se apreender o significado e as funções do ensino da Geometria. Com efeito, não obstante o fato

---

3. A esse respeito, ver especialmente Needham, 1959.

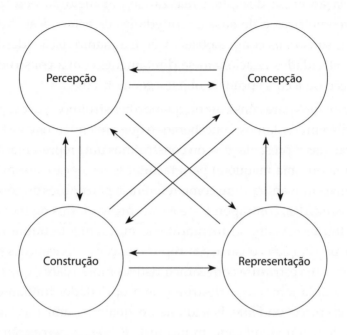

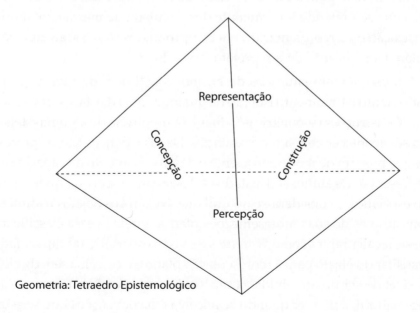

Geometria: Tetraedro Epistemológico

de a iniciação nessa disciplina realizar-se por meio da percepção das formas geométricas e de suas propriedades características, através de atividades sensoriais como a observação e a manipulação, desde muito cedo tais atividades relacionam-se diretamente com a construção, a representação ou a concepção de objetos geométricos.

Percebemos para construir ou quando construímos, para representar ou quando representamos; concebemos o que pretendemos construir, com a mediação das representações, ou construímos uma representação (como uma planta ou uma maquete) para facilitar a percepção; mesmo as concepções mais inovadoras têm como referência percepções ou construções já antes realizadas, contrapondo-se a seus pressupostos ou transcendendo seus limites. Assim, alimentando-se mutuamente numa interação contínua, percepções, construções, representações e concepções são como átomos em uma estrutura com características moleculares, que não pode ser subdividida sem que se destruam as propriedades fundamentais da substância correspondente. Isoladamente, qualquer uma das faces desse tetraedro tem um significado muito restrito, seja a percepção que não prepara o terreno para a transcendência da realidade concreta, ou a concepção que se pretende inteiramente desvinculada da mesma, ou ainda a construção ou a representação sem compromissos com a ação, que não resultam na realização de um projeto, ou o visam.

A nosso ver, em situações de ensino, constituem desvios a serem evitados tanto o tratamento isolado de qualquer uma das faces, em temas como "Construções Geométricas", quanto a hipotrofia de algumas delas, como sói acontecer com a representação. De fato, poucos são os professores que buscam de modo consciente o desenvolvimento da capacidade de representar. Os alunos são instados a desenharem sem qualquer orientação específica, e considera-se natural que "vejam" os objetos tridimensionais através de suas representações planas, muitas vezes classificando-se os recalcitrantes como "carentes de visão espacial". Tal capacidade de transitar do objeto para a representação plana e vice-versa sem dúvida é passível de ser desenvolvida, competindo ao professor tal tarefa. Não parece natural, a não ser quando se alicerça em convenções que se estabelecem na escola, aceitas acriticamente e quase nunca explicitadas, o fato de que dois losangos justapostos a um quadrado representam um cubo, ou que um quadrilátero com uma das diagonais traçada em linha cheia e a outra em linha pontilhada representa uma pirâmide.

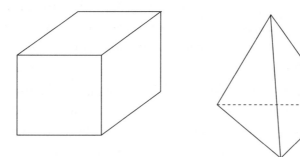

A própria diminuição, nas últimas duas décadas, da importância do Desenho Geométrico, ou mesmo a exclusão da Geometria Descritiva dos currículos regulares constituem uma síndrome da hipotrofia da representação na concepção de Geometria que predomina na escola.

Quanto à construção, embora nas quatro séries iniciais ela seja cultivada entre os alunos, utilizando-se massas deformáveis, cartolina ou outros materiais, nas séries seguintes essa face do conhecimento geométrico não costuma mostrar a sua verdadeira importância. Ela é considerada com frequência e de modo paradoxal uma atividade ou tipicamente infantil ou profissional: constroem as crianças e os engenheiros ou os arquitetos, excluindo-se tal atividade dos anos escolares intermediários, como se ela fosse simples demais ou técnica demais. Em qualquer nível, no entanto, a construção pode ser uma atividade extremamente fecunda, que exige não apenas habilidade manual mas também capacidade de conceber e representar.

Para ilustrar o que se afirmou, consideremos, por exemplo, as seguintes tarefas que poderiam ser propostas aos alunos, em princípio todas elas classificáveis como a construção de um cubo:

1. Construir um cubo com certa porção de massa modelar.
2. Construir um cubo com uma folha de papel sulfite.

3. Construir um cubo de aresta 5 cm.

4. Construir um cubo de volume 1l.

5. Construir um cubo de diagonal 10 cm.

Tais atividades, no entanto, não apresentam o mesmo grau de complexidade, e decididamente a atividade de número 5 não se destina a crianças das quatro séries iniciais, envolvendo, em sua realização, um projeto ou uma representação.

De modo geral e em todos os níveis, o ensino de Geometria carece de atividades integradoras, que propiciem o desenvolvimento harmonioso das quatro faces do conhecimento geométrico que pretendemos caracterizar.[4] É tão importante transitar, como uma criança, da percepção à construção, daí à representação e então à concepção, quanto o é realizar o percurso do arquiteto, que concebe o objeto geométrico antes de representá-lo e construí-lo, e só então torná-lo palpável. O reconhecimento da importância desses e de outros diferentes circuitos, envolvendo as quatro faces do conhecimento geométrico, é um atestado veemente da insuficiência de sua caracterização como uma simples passagem da fase empírica a uma sistematização nos moldes euclidianos.

Dado que há muito se reconhece o fato de a Geometria dizer respeito tanto ao espaço físico quanto ao "espaço intelectual", como ressalta Wheeler numa das epígrafes desta secção, a forma de tratamento do conhecimento geométrico está diretamente relacionada com a adequada estruturação desse "espaço", em particular no que se refere à capacidade de articulação entre o pensamento e sua expressão linguística. Na verdade, a transição fundamental a ser considerada na estruturação da ação

---

4. Tendo por base as ideias defendidas neste trabalho, mesmo antes de elas estarem inteiramente explicitadas na forma em que agora expomos, escrevemos três pequenos livros, destinados à segunda metade do primeiro grau, onde desenvolvemos atividades integradoras como as suprarreferidas. São eles: *Polígonos, centopeias e outros bichos* (58 p.); *Os poliedros de Platão e os dedos da mão* (48 p.); *Semelhança não é mera coincidência* (50 p.). Todos pertencem à série "Vivendo a Matemática", da Editora Scipione, São Paulo, e foram publicados, na ordem, em janeiro, agosto e dezembro de 1988. Os primeiros resultados da utilização do primeiro deles são estimulantes no sentido da sedimentação das ideias apresentadas: ele têm sido utilizado conjuntamente pelos professores de Matemática e de Português, em algumas escolas.

docente é a que se deve realizar entre as percepções ou as concepções e suas correspondentes expressões através de um modelo físico, de uma representação plana ou da linearidade de uma sentença.

3.3 O Cálculo

> (...) os alunos saem da escola como contemporâneos de Newton, quando deveriam fazê-lo como os de Einstein.
>
> L. N. Landa, 1972, p. 17.

> É apenas por faltar algum degrau aqui e ali, por descuido, em nosso caminho para o Cálculo Diferencial, que este último não é coisa tão simples quanto um soneto de Mr. Solomon Seesaw.
>
> E. A. Poe, 1986, p. 35.

> (...) a verdade emerge mais rapidamente do erro que da confusão...
>
> F. Bacon, 1979, p. 127.

Dado que as atenções deste trabalho dirigem-se, desde o primeiro momento, para a Matemática que é ensinada na escola básica, pode parecer insólita a escolha do Cálculo Diferencial e Integral como tema para a explicitação de uma abordagem compatível com as análises realizadas. Com efeito, apesar de pequenas variações ao longo das diversas reformulações curriculares, tal assunto tem sido minimamente tratado apenas em algumas poucas escolas, passando ao largo dos programas da maior parte delas. Mesmo na universidade, seu ensino é obrigatório apenas para os que nela ingressam pela porta das ciências ditas "exatas", sendo possível e frequente que um estudante conclua o curso universitário sem qualquer contato com o referido tema.

Chega a ser, portanto, profundamente otimista a lamentação de Landa, na epígrafe desta seção: na verdade, grande parte dos alunos sai da escola sem partilhar as ideias sequer dos contemporâneos de Newton, pelo menos no que se refere ao conhecimento do Cálculo.

Isso não se deve, seguramente, à pouca importância atribuída a tal assunto, ou a uma simples questão de desatualização nos currículos. Como se destacou na introdução deste trabalho,[5] a cada dia torna-se mais facilmente perceptível o significado enciclopédico e a fecundidade epistemológica das questões de que trata o Cálculo, tanto do ponto de vista da técnica operatória como enquanto competentes metáforas. Quanto a uma suposta desatualização dos currículos, seria necessário perquirir as razões específicas para a recalcitrância à inclusão do Cálculo, uma vez que muitos assuntos desenvolvidos em séculos posteriores, na Matemática ou nas mais diversas áreas do conhecimento, há muito estão presentes nos programas da escola básica, como por exemplo o eletromagnetismo em Física, os modernos modelos atômicos em Química, a constituição dos ácidos nucleicos em Biologia, ou as estruturas algébricas, na própria Matemática.

De fato, há razões objetivas que têm obstado o tratamento do Cálculo em nível elementar. A principal delas, a nosso ver, relaciona-se diretamente com algumas das análises realizadas neste trabalho: trata-se da tentativa de ensinar tal assunto através de abordagens que hipertrofiam sua dimensão técnica, desvinculando-a em demasia do significado das questões tratadas ou circunscrevendo-o apenas a interpretações estereotipadas, que pouco contribuem para uma mediação da Língua Materna, verdadeiramente imprescindível, no presente caso.

Visão panorâmica

Para melhor compreensão das dificuldades enfrentadas na abordagem usual de tal assunto, é necessário situar, em uma visão panorâ-

---

5. Ver p. 27.

mica, seu significado global, bem como as etapas decisivas de sua história.

O Cálculo Diferencial e Integral trata de questões relacionadas com a medida da rapidez com que as grandezas aumentam ou diminuem, os objetos se movem ou as coisas se transformam. Trata também de questões envolvendo a interpretação de grandezas que variam continuamente como se variassem através de pequenos patamares onde se manteriam constantes, conduzindo a somas com um número cada vez maior de parcelas cada vez menores. A medida da rapidez de variação conduz à noção de *derivada*; o estudo das somas com muitas pequenas parcelas conduz à noção de *integral*. Ambas as noções têm que ver, em suma, com a aproximação de curvas por retas, ou de fenômenos não lineares por descrições lineares, recurso fundamental em múltiplas e distintas situações. O processo através do qual uma curva é aproximada por uma reta que lhe é tangente é a *diferenciação ou derivação*; a aproximação de curvas por retas como a que tem lugar, por exemplo, no cálculo de áreas, dá origem ao processo de *integração*.

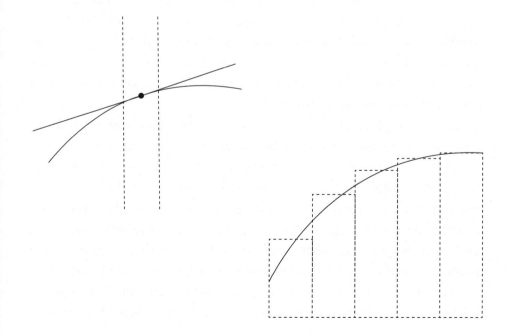

O cálculo de áreas de figuras com contorno curvo através da aproximação pela soma de pequenas parcelas correspondentes a regiões de contorno reto tem origem em Arquimedes (287-212 a.C.), a quem grande parte dos historiadores atribui a antecipação dos métodos de integração. Nos séculos XVI e XVII, Kepler, Galileu e Cavalieri, entre outros, empregaram métodos semelhantes para calcular áreas e volumes. Problemas envolvendo curvas e tangentes foram estudados no início do século XVII por Descartes, Fermat e outros. Os dois processos, no entanto, sempre foram estudados separadamente, como se a diferenciação e a integração fossem questões independentes.

Foi apenas na segunda metade do século XVII, com os trabalhos de Newton (1642-1727) e Leibniz (1646-1716), que as relações de interdependência entre esses dois processos foram plenamente reconhecidas; essa confluência e a mútua alimentação que se seguiu são responsáveis pelo surgimento de uma nova disciplina, o Cálculo Diferencial e Integral.

Inicialmente, as ideias básicas do Cálculo não eram muito claras nem pareciam bem fundamentadas, sendo recebidas com profunda desconfiança pelos matemáticos em geral. Newton lidava com entidades como *fluentes* e *fluxões*, noções que só bem mais tarde, já no século XVIII, seriam convenientemente depuradas, conduzindo às noções de *função* e *derivada*. Leibniz chamava de *infinitésimos* as pequenas parcelas a serem somadas no processo de integração, ao mesmo tempo que imaginava as curvas sendo constituídas de partes *infinitesimais*, como se fossem pequenos segmentos de reta. Tais infinitésimos, em alguns cálculos, eram considerados relevantes, enquanto em outros eram desprezados, sem que as razões de tais procedimentos fossem bem explicadas. Embora a eficácia do Cálculo enquanto técnica fosse reconhecida e devidamente comprovada desde os primórdios, a falta de coerência nas justificativas apresentadas para os diversos procedimentos revelava-se desconfortável para todos os que deles faziam uso. Assim, durante mais de cem anos, o Cálculo seguiu sendo considerado um tema "sintaticamente consistente e, semanticamente inconsistente", na caracterização de Petitot (1985, p. 209), que a esse respeito refere-se de forma ainda mais enfática ao afirmar: "Há assim como que um escândalo metodológico, uma alienação epistemológica, uma clivagem ontológica, em poucas palavras, uma lacuna que exige uma elucidação" (1985, p. 209).

Apenas a partir dos trabalhos de D'Alembert (1717-1783) e de Cauchy (1789-1857) puderam-se fundamentar mais rigorosamente os processos de derivação e integração, sobretudo através da utilização do conceito de *limite*.

Com Weierstrass (1815-1897) e seu recurso aos "épsilons e deltas", o próprio conceito de limite foi definido de modo mais preciso, parecendo banir definitivamente do cenário do Cálculo os fluxões e os infinitésimos, com suas vaguezas ou obscuridades. Dessa forma, a derivada e a integral passaram a ser definidas em termos do conceito de limite, que passou a situar-se no centro das atenções da nova estruturação do Cálculo, agora, supostamente, tanto sintática quanto semanticamente consistente.

Essa melhor fundamentação, no entanto, deu-se de maneira indireta, graças a um aprofundamento na noção de número real e na ideia de limite. Ao mesmo tempo, ocorreu um grande distanciamento entre as ideias originais, confusas mas prenhes de significado e suas novas formas de apresentação, precisas porém extremamente comprometidas com os novos conceitos. É possível dizer-se, então, que a consistência semântica que se logrou está comprometida *ab ovo* com a compreensão de uma Teoria dos Limites. Esta, por sua vez, envolve conceitos epistemologicamente bem mais complexos do que as noções originais de derivada ou de integral, num caso típico em que a emenda parece ter deteriorado o soneto. A esse respeito, assim referiu-se Petitot (1985, p. 219):

> Esta substituição, violenta e explícita, do conceito de infinitesimal pelo de limite constitui uma ruptura. Tornando o Cálculo simultaneamente sintática e semanticamente consistente, elimina a sua "impureza original" mas, por esta via, elimina também as ligações que mantinha, em Leibniz, com os outros discursos. Este fato é de grande importância epistemológica. Com D'Alembert, o Cálculo Diferencial regionaliza-se e privatiza-se.

Em decorrência da grande complexidade do conceito de limite bem como de seu distanciamento das ideias originais de Newton e Leibniz, dois fatos bastante significativos tiveram lugar. Por um lado, se as novas definições passaram a servir de atestado de rigor contra acusações de imprecisão, manteve-se no entanto, na prática corrente entre os usuários do Cálculo, o recurso às antigas noções. Por outro lado, no nível teórico é possível que as agruras do caminho dos limites tenham conduzido alguns especialistas a interessarem-se pela busca de abordagens alternativas das noções do Cálculo, ou então por uma reabilitação das ideias originais, depurando-as de suas inconsistências. Nesta última via seguiu Robinson, fundador da *Análise Não Standard*, em que os infinitésimos são tratados de modo inteiramente rigoroso, no sentido mais formal que se possa atribuir ao termo. Em suas palavras, escritas há pouco mais de vinte anos: "A Análise Não Standard mostra como uma relativamente leve modificação destas ideias conduz a uma teoria consistente ou, no mínimo, a uma teoria que é consistente relativamente à Matemática Clássica" (Robinson, 1979, p. 543).

Tal leve modificação a que Robinson se refere não passa de bem arquitetada solução de uma questão sintática: da confusa relação de igualdade entre grandezas que diferem por um infinitésimo, passou-se a uma bem definida relação de equivalência entre tais grandezas.

Do ponto de vista teórico, a Análise Não Standard foi efusivamente saudada por muitos filósofos ou especialistas. Bunge, por exemplo, afirmou:

> Um século decorreu entre a execução e o sepultamento dos infinitésimos pela revolução dos $\varepsilon - \delta$, e sua ressurreição na análise não *standard*. Os historiadores podem rejubilar-se pelo fato de que algumas das intuições de Leibniz, Newton, Euler e seus seguidores, embora grosseiras, não eram de todo estúpidas. E o físico pode sentir-se aliviado. Sem dúvida, ele nunca parou de utilizar infinitésimos, por exemplo, ao estabelecer equações diferenciais representando processos físicos (apud Robinson, 1979, p. 554).

Do ponto de vista prático, no entanto, a Análise Não *Standard* não logrou assumir um papel minimamente relevante no ensino institucionalizado de Cálculo, nem há a expectativa de que esteja caminhando para isso a curto, médio ou longo prazo. Ao que tudo indica, às tecnicidades dos limites contrapuseram-se outras, de natureza lógica mas igualmente intrincadas. Também nesse caso, a possibilidade de fundação de um cálculo rigoroso utilizando infinitésimos parece ter desempenhado apenas o papel de um atestado de legitimação dos antigos procedimentos, em vez de favorecer a sua substituição pelos novos padrões formais.

Na realidade, ainda hoje a quase totalidade dos cursos de Cálculo, nos mais variados lugares, inicia-se com a instauração do conceito de limite, bem como de certas técnicas operatórias relativas a ele. A partir daí, a derivada é definida como um tipo particular de limite, abdicando-se da possibilidade de apreensão direta de seu significado. As definições seguintes constituem uma ilustração desse difundido estereótipo:

Limite de uma função

Dizemos que o limite de f(x) é o número real ℓ quando x tende a x_0, e escrevemos $\lim_{x \to x_0} f(x) = \ell$, quando, para todo $\varepsilon > 0$ existe em correspondência um $\delta > 0$ tal que, sendo $0 < |x - x_0| < \delta$, então $|f(x) - \ell| < \varepsilon$ ou seja:

$$\lim_{x \to x_0} f(x) = \ell \Leftrightarrow (\forall \varepsilon > 0, \exists \delta > 0 \,|\, 0 < |x - x_0| < \delta \Rightarrow |f(x) - \ell| < \varepsilon)$$

Derivada de uma função

A derivada da f(x) no ponto x_0, representada por $f'(x_0)$, é o limite de $\dfrac{f(x) - f(x_0)}{x - x_0}$ quando x tende a x_0, ou seja:

$$f'(x_0) = \lim_{x \to x_0} \frac{(f(x) - f(x_0))}{x - x_0}$$

Naturalmente, ambas as definições podem ser apresentadas de modo mais informal, através de exemplos numéricos ou gráficos. Isso não elide, no entanto, o fato fundamental de que tal estruturação condiciona a compreensão de um conceito como o de derivada à aprendizagem prévia de outro conceito mais geral e de natureza bem mais complexa, como é o de limite. É quase como se se pretendesse introduzir inicialmente, na aprendizagem dos números, a noção de número real, para dela extrair a noção de número natural como um caso particular.

 Mesmo nas tentativas de ensinar-se noções de Cálculo na escola básica, em nível de segundo grau, a abordagem dominante coincide com a anteriormente descrita, com a circunstância agravante de que quase sempre as noções tratadas deixam de incluir o conceito de integral, portanto limitando-se a uma visão pré-histórica do assunto. Como já vimos, o nascimento do Cálculo dá-se precisamente no momento em que são reconhecidas as relações de interdependência entre os processos de derivação e de integração. Nesse nível de ensino, os livros didáticos que tratam do assunto costumam dedicar a maior parte de suas páginas às atividades preparatórias e ao conceito de limite, apresentando a derivada como um particular limite, concentrando as atenções nas regras de derivação e culminando com algumas aplicações, geométricas ou físicas, nas derivadas. Poucas vezes eles enveredam, e se o fazem é sempre em poucas páginas, nos caminhos que conduzem ao conceito de integral. Para citar apenas um exemplo, que nem de longe constitui exceção, um livro didático editado pelo MEC em 1977 com o título de *Análise Matemática — Introdução*[6] e destinado às escolas de segundo grau, dedica mais de 80% de suas cerca de 260 páginas às atividades preparatórias e ao conceito de limite, e nenhuma linha à ideia de integral.

Alternativa de abordagem

 A nosso ver, a estruturação anteriormente descrita é, sem dúvida, responsável pela recalcitrância à aceitação do Cálculo como um conteúdo curricular da escola básica. E a ausência de uma introdução elementar ao tema, ainda no segundo grau, que funcionaria como um degrau para

---

 6. Trata-se do texto de Duílio Nogueira e P. P. Marques de Mendonça, publicado no programa MEC-FENAME, Rio de Janeiro.

abordagens posteriores, já estruturadas em termos de limites, constitui a principal razão das notórias dificuldades que a aprendizagem do Cálculo costuma apresentar, mesmo nos cursos universitários.

Consideramos possível e desejável a apresentação das ideias básicas que fundam o Cálculo de maneira direta, sem anteparos formais como os que lhes impõe o conceito de limite. Tais ideias estão presentes no dia a dia das pessoas em geral. Lidamos com elas intuitivamente e de modo natural, muitas vezes sem associá-las aos processos do Cálculo; quando tal associação é feita, somos conduzidos a esquecer o que pensamos sobre elas, para passar a reconhecê-las apenas através da identidade formal que o conceito do limite lhes concede. Examinemos com mais vagar este ponto.

O conceito de derivada é uma generalização da noção de velocidade, com a qual familiarizamo-nos desde muito cedo. Embora não seja fácil definir velocidade de maneira geral e precisa, todos parecem capazes de entender e utilizar intuitivamente informações envolvendo tal noção, pouco ou nada contribuindo para isso afirmações que acaracterizam como "o limite de $\frac{\Delta s}{\Delta t}$ quando Δt tende a zero". Para uma compreensão mais efetiva, a referência natural é o significado cristalino da velocidade nos movimentos uniformes. Nesses movimentos, onde o móvel percorre distâncias iguais sempre em tempos iguais, a velocidade representa a distância percorrida na unidade de tempo. A partir daí decorrem todas as extensões da noção de velocidade: dizer-se que um carro tem velocidade 60 km/h, ao passar por determinado ponto, significa afirmar-se que se o carro se mantivesse em movimento uniforme no estado em que se encontrava ao passar pelo referido ponto, então na próxima hora ele percorreria 60 quilômetros. O conceito de velocidade instantânea envolve sempre um "se..., então...", uma afirmação condicional relativa a um hipotético movimento uniforme.

Analogamente, o conceito de integral pode ser compreendido a partir da noção de área, presente na escola básica desde o primeiro grau. É possível traduzir o seu significado utilizando-se apenas termos não técnicos, da linguagem ordinária, através de uma simples contraposição entre grandezas variáveis e constantes. Exemplificando, para calcular a área A sob o gráfico de uma função f(x), no intervalo a, b,

- sendo f(x) constante, tal cálculo reduz-se ao da área de um retângulo

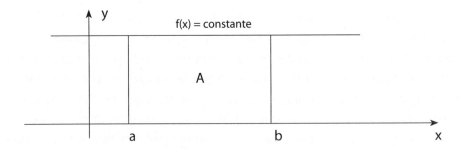

- não sendo f(x) constante, podemos imaginar o intervalo (a,b) subdividido em intervalos muito pequenos e raciocinar como se f(x) fosse constante em cada um deles; calculando em cada intervalo a área sob o gráfico como a de um estreito retângulo e reunindo todas as pequenas parcelas, somos conduzidos a uma soma especial que traduz a noção de integral e que representa a área A[7]

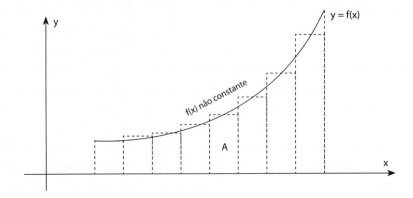

De modo geral, abdicando-se de quaisquer tecnicidades relativas a limites ou de natureza lógica, é possível uma introdução ao Cálculo Diferencial e Integral partindo-se apenas de noções como as de grandezas

---

7. Para explicitar mais a forma de operacionalização das ideias aqui apresentadas, escrevemos um texto destinado a alunos de segundo grau com o título *Noções de Cálculo*, publicado pela Editora Scipione, São Paulo, 1987, 192 p.

constantes, variáveis, proporcionalidade, área, velocidade, reta tangente, taxas de variação de diferentes tipos etc., tal como são utilizadas ordinariamente. O recurso à Língua Materna como suporte de significados para a apreensão dos conceitos básicos do Cálculo é o caminho natural para um retorno às ideias originais de Newton e de Leibniz, com a consequente reativação dos vínculos de tais ideias com os mais diferentes discursos. Por essa via, é possível compreender-se perfeitamente o significado tanto da derivada como da integral mesmo sem a disponibilidade de múltiplas técnicas operatórias ou sem contar com um arsenal de definições precisas. Assim, pouco a pouco o Cálculo pode vir a estabelecer-se na escola básica como uma coisa "tão simples quanto um soneto de Mr. Solomon Seesaw". E os alunos, ainda que expressando suas concepções de forma aproximada ou, às vezes, imprecisa, adentram um universo de fecundas questões, as quais, sem as ferramentas do Cálculo, permanecem-lhes inacessíveis. Ao depararem, depois, com as mesmas ideias apresentadas de forma sistematizada, reconhecerão as limitações da abordagem inicial mas serão capazes de perceber, parafraseando Bacon, a emergência da "verdade" mais facilmente do que o seriam se estivessem confusos em relação ao tema.[8]

3.4 Conclusão

> A separação entre o francês e a matemática tem inicialmente uma realidade institucional. Com toda a atenção que se leiam os programas e as instruções oficiais, não se encontrará nenhuma indicação de uma ligação a estabelecer, de uma ponte, por mais frágil que seja, a ser lançada entre os dois domínios. Mesmo sob a forma de sugestão tímida ou de voto piedoso jamais se propôs aos professores de francês e de matemática qualquer coordenação de seus respectivos ensinos (a não ser quando se trata de fazer a caça aos erros de ortografia e de sintaxe nos trabalhos de matemática).
>
> O. Ducrot, 1981, p. 45.

---

8. Ver p. 155.

Nos dois temas examinados nas seções anteriores, a despeito das especificidades das questões tratadas, é possível perceber uma semelhança estrutural de natureza mais profunda, do ponto de vista das dificuldades enfrentadas em situações de ensino. Com efeito, na Geometria, como no Cálculo,

- a importância do assunto, do ponto de vista epistemológico, é amplamente reconhecida;
- as ideias básicas e os processos fundamentais, ainda que despidos de qualquer aparência técnica, encontram-se presentes no dia a dia das pessoas em geral, não constituindo absolutamente temas exóticos ou desprovidos de significado;
- subsistem sérias dificuldades no tratamento escolar que costuma ser dado a um e a outro tema, provendo-os, em consequência, de uma notoriedade indesejável;
- as dificuldades não são de natureza endógena, mas resultam de uma forma de abordagem historicamente compreensível mas pedagogicamente inadequada;
- a inadequação da abordagem padrão é de natureza linguística, caracterizando-se através de pressupostos como o de que falar de modo preciso sobre um tema é condição *sine qua non* para sua utilização legítima;
- a superação das dificuldades com o ensino passa pelo reconhecimento da essencialidade da impregnação mútua entre a Língua Materna e a Matemática e, em consequência, da absoluta necessidade da utilização inicial de noções intuitivas, aproximadas, imprecisas, mas fecundas e significativas, descortinadas através do recurso à Língua;
- na Aritmética como na Álgebra ou em qualquer outro tema que examinássemos, considerações análogas seriam pertinentes: em nenhum caso seria razoável uma iniciação através de uma linguagem formal; em qualquer caso, a mediação da Língua Materna funciona como uma ponte que viabiliza contatos com os mais variados discursos, impedindo um isolamento precoce que conduz ao estiolamento mais facilmente do que à precisão.

Agora, ao final deste percurso, estamos seguros de termos examinado de maneira geral questões fulcrais para o ensino de Matemática na escola básica, como são a distinção radical nas metas ou o distanciamento natural nos meios de ação entre os dois sistemas básicos de representação da realidade, respondendo assim, dentro dos limites fixados pelos objetivos deste trabalho, aos reclamos de Ducrot na epígrafe desta seção.

Tendo concentrado os esforços, como o fizemos, na caracterização da impregnação mútua entre a Matemática e a Língua Materna, destacando a absoluta necessidade da mediação da Língua no ensino da Matemática, estamos com isso indicando incisivamente um rumo a seguir, um veio a ser explorado na estruturação de propostas de ações docentes que visem à superação de dificuldades tão facilmente discerníveis. Parece-nos inquestionável a precedência de tal indicação em relação aos necessários suportes e aportes metodológicos, que dela naturalmente decorrerão. Afinal, nenhum vento é capaz de ajudar um barco cujo rumo não está definido. Assim, ainda que tenhamos consciência dos poucos passos que avançamos no sentido da operacionalização das ideias acordadas, sentimo-nos como em uma promissora viagem que, ao invés de estar chegando ao fim, certamente apenas acabou de começar.

BIBLIOGRAFIA

ACHINSTEIN, P. *Concepts of science*. Baltimore: The Johns Hopkins Press, 1968.

ALLEAU, R. *La science des symboles*. Paris: Payot, 1976.

ALTHUSSER, L. *Freud e Lacan/Marx e Freud*. Rio de Janeiro: Graal, 1985.

APÉRY, R. et al. *Penser les mathématiques*. Paris: Éditions du Seuil, 1974.

APOSTEL, L. Syntaxe, Sémanthique et Pragmatique. In: *Enciclopédie de la Pléiade*, XXII - Lógique et Connaissance Scientifique, Dijon, 1969.

ASHBY, W. R. *Introdução à cibernética*. São Paulo: Perspectiva, 1970.

BACHELARD, Gaston. *Filosofia do novo espírito científico*. Lisboa: Presença/Martins Fontes, 1976.

_____. *O novo espírito científico*. Rio de Janeiro: Tempo Brasileiro, 1968.

BACON, F. *Novum Organum*. São Paulo: Abril Cultural, 1979. (Col. Os Pensadores).

BARKER, Stephen F. *Filosofia da Matemática*. Rio de Janeiro: Zahar, 1976.

BARON, M. E. *Origens e desenvolvimento do cálculo*. Brasília: Ed. Universidade de Brasília, 1985. 5 v.

BARROS, Benedicto Ferri de. *Japão*: a harmonia dos contrários. São Paulo: T. A. Queiroz, 1988.

BASSALO, J. M. Filardo. As experiências de pensamento em física. *Ciência e Cultura*. 36 (3), p. 395-409, São Paulo, mar. 1984.

BELL, E. T. *Men of mathematics*. New York: Simon and Schuster, 1937.

BERLITZ, Charles. *As línguas do mundo*. Rio de Janeiro: Nova Fronteira, 1988.

BLACK, M. *El laberinto del lenguaje*. Caracas: Monte Avila Editores, 1968.

BODEN, M. A. *As ideias de Piaget*. São Paulo: Cultrix/Edusp, 1983.

BORGES, J. L. *Nueva antología personal*. México: Siglo Veintiuno Editores, 1984.

_____. *O fazedor*. São Paulo: Difel, 1985.

_____. *História da eternidade*. Porto Alegre: Globo, 1986.

_____. *Discussão*. São Paulo: Difel, 1986.

BOYER, Carl B. *História da matemática*. São Paulo: Edgard Blücher, 1974.

BREDENKAMP, J.; GRAUMANN, C. F. Possibilidades e limitações dos processos matemáticos nas ciências do comportamento. In: GADAMER VOGLER (Orgs.). *Nova Antropologia*. São Paulo: Antropologia Psicológica, EPU/Edusp, 1977. v. 5.

BRONOWSKI, J. *As origens do conhecimento e da imaginação*. Brasília: Editora da Universidade de Brasília, 1978.

BRUNER, J. S. *Hacia una teoría de la instrucción*. México: Unión Tipográfica Hispano-Americana, 1969.

_____. *O processo da educação*. 8. ed. São Paulo: Nacional, 1987.

BUNGE, Mário. *Filosofia básica*: semântica. São Paulo: EPU/Edusp, 1973. 2 v.

_____. *La investigación científica*. Barcelona: Ariel, 1983.

CAMPOS, H. de (Org.). *Ideograma*. São Paulo: Cultrix/Edusp, 1977.

CAPRA, F. *O Tao da física*. São Paulo: Cultrix, 1985.

CARROL, J. B. *Psicologia da linguagem*. Rio de Janeiro: Zahar, 1972.

CHASE, S. *The tyranny of words*. New York: Harcourt, Brace & World, 1938.

CHATEAU, Jean. *Os grandes pedagogistas*. São Paulo: Nacional, 1978.

CLARET, J. *A ideia e a forma*. Rio de Janeiro: Zahar, 1980.

COHEN, Marcel. *La grande invention de l'écriture et son évolution*. Paris: Imprimerie Nationale, 1958.

COHEN, Morris R. *Introducción a la lógica*. México: Breviarios del Fondo de Cultura Económica, 1970.

COMÊNIO, J. A. *Didática magna*. Lisboa: Fundação Calouste Gulbenkian, 1957.

COMTE, Augusto. *Discurso sobre o espírito positivo*. Porto Alegre: Globo/Edusp, 1976.

CONDILLAC, E. *Lógica*. São Paulo: Abril Cultural, 1984. (Col. Os Pensadores).

_____. *A língua dos cálculos*. São Paulo: Abril Cultural, 1984. (Col. Os Pensadores).

COSTA, N. C. A. da. *Ensaio sobre os fundamentos da lógica*. São Paulo: Hucitec/Edusp, 1980.

DELATTRE, P. Teoria dos Sistemas e Epistemologia. *Cadernos de Filosofia*, 2. Lisboa, 1981.

DESCARTES, R. *Discurso do método*. São Paulo: Abril Cultural, 1979. (Col. Os Pensadores).

_____. *Regras para a direção do espírito*. Lisboa: Editorial Estampa, 1977.

DIEUDONNÉ, J. A. Should we teach "Modern" Mathematics?. *American Scientist*. v. 61, 1973, p. 16-9.

DUCROT, Oswald. *Provar e dizer*. São Paulo: Global Universitária, 1981.

ELLIOT, T. S. *A essência da poesia*. Rio de Janeiro: Artenova, 1972.

FARRINGTON, B. *Ciencia y política en el mundo antiguo*. Madrid: Editorial Pluma, 1979.

FERREIRO, E. *Alfabetização em processo*. São Paulo: Cortez/Autores Associados, 1986.

_____. *Reflexões sobre alfabetização*. São Paulo: Cortez, 1986.

FILIPAK, Francisco. *Teoria da metáfora*. Curitiba: Livros HDV, 1983.

FREGE, G. *Lógica e filosofia da linguagem*. São Paulo: Cultrix/Edusp, 1978.

_____. *Os fundamentos da Aritmética*. São Paulo: Abril Cultural, 1980. (Col. Os Pensadores).

FREUDENTHAL, Hans. *Perspectivas da Matemática*. Rio de Janeiro: Zahar, 1975.

FROMM, Erich. *Ter ou ser?* Rio de Janeiro: Zahar, 1977.

GEENEN, Henrique. *Palestras philologicas*. São Paulo: Estabelecimento Graphico Irmãos Ferraz, 1931.

GNEDENKO, B. V. *The theory of probability*. Moscou: MIR Publishers, 1969.

GOETHE, J. W. *Fausto.* São Paulo: Itatiaia/Edusp, 1981.

GOODY, J.; WATT, I. The consequences of literacy. *Comparative studies in Society and History.* 5, p. 304-45, 1963.

GRANGER, G. G. *Pensamento formal e ciências do homem.* Lisboa: Editorial Presença, 1967. 2 v.

_____. *A filosofia do estilo.* São Paulo: Perspectiva, 1974.

_____. Sobre a unidade da ciência. *Revista Ciência e Filosofia*, n. 2, São Paulo, 1980.

GUSDORF, G. *A fala.* Rio de Janeiro: Editora Rio, 1977.

HALBWACHS, F. La Physique du Maître entre la Physique du Phisicien et la Physique de l'Éleve. *Revue Française de Pédagogie* — INRDP. (33), p. 19-29, 1975.

HEISENBERG, Werner. *Física e filosofia.* Brasília: Editora da Universidade de Brasília, 1987.

HERRLICH, Horst; STRECKER, G. E. *Category theory.* Boston: Allyn and Bacon, 1973.

HESSE, Hermann. *Para ler e guardar.* Rio de Janeiro: Record, 1975.

HUME, D. *Investigação acerca do entendimento humano.* São Paulo: Nacional/Edusp, 1972.

HUNTLEY, H. E. *A divina proporção.* Brasília: Editora da Universidade de Brasília, 1985.

HUXLEY, Aldous. *Admirável mundo novo.* Rio de Janeiro: Cia. Brasileira de Divulgação do Livro, 1972.

JAEGER, W. *Paideia:* a formação do homem grego. São Paulo: Martins Fontes/Editora Universidade de Brasília, 1986.

JONES, Ernest. *Vida e obra de Sigmund Freud.* 3. ed. Rio de Janeiro: Zahar, 1979.

JUNG, C. G. *O homem e seus símbolos.* Rio de Janeiro: Nova Fronteira, 1964.

_____. *Memórias, sonhos e reflexões.* Rio de Janeiro: Nova Fronteira, 1975.

KATO, Mary A. *No mundo da escrita.* São Paulo: Ática, 1986.

KEENLEYSIDE, H. L.; THOMAS, A. F. *History of Japanese education.* Tokyo: The Hokuseido Press, 1937.

KNEALE, W.; KNEALE, M. *O desenvolvimento da lógica*. Lisboa: Fundação Calouste Gulbenkian, 1980.

KNEEBONE, G. T. *Mathematical logic and the foundation of mathematics*. New York: Van-Nostrand, 1963.

KORZYBSKI, Alfred. *Science and sanity*. Massachusetts: The International Non-Aristotelian Library Publishing Company, 1933.

LACAN, J. *O seminário*. Livro I, Rio de Janeiro: Zahar, 1986.

LADRIÈRE, Jean. *A articulação do sentido*. São Paulo: EPU/Edusp, 1977.

LAKATOS, I. *Matemáticas, ciencia y epistemología*. Madrid: Alianza Editorial, 1981.

LANDA, L. N. *Cibernética y pedagogia*. Barcelona: Editorial Labor, 1972.

LATÍSHINA, D. *La escuela primaria soviética*: problemas de la enseñanza y la educación. Moscú: Editorial Progreso, 1984.

LEFEBVRE, Henri. *Lógica formal/lógica dialética*. Rio de Janeiro: Civilização Brasileira, 1979.

LEROY, M. *As grandes correntes na Linguística moderna*. São Paulo: Cultrix, 1982.

LEWIN, K. *Princípios de psicologia topológica*. São Paulo: Cultrix, 1936. (Edição brasileira: 1973).

LIONNAIS, F. et alii. *Las grandes corrientes del pensamiento matemático*. Buenos Aires: Editorial Universitaria, 1962.

MACHADO, Antonio. *Poesias completas*. Madrid: Espasa-Calpe S. A., 1979.

MacLANE, S.; BIRKHOFF, G. *Algebra*. New York: The MacMillan Company, 1968.

MAIA, Eleonora Motta. *No reino da fala*. São Paulo: Ática, 1985.

MANNO, A. G. *A filosofia da matemática*. São Paulo: Edições 70.

MARTINET, André. *Elementos de linguística geral*. Lisboa: Martins Fontes, 1967.

MARTINET, Jeanne (Org.). *De la teoría lingüística a la enseñanza de la lengua*. Madrid: Editoria Gredos, 1975.

MARX, K.; ENGELS, F. *Cartas sobre las ciencias de la natureza y las matemáticas*. Barcelona: Editorial Anagrama, 1975.

_____. *Sobre literatura e arte*. São Paulo: Global, 1979.

MECACCI, Luciano. *Conhecendo o cérebro*. São Paulo: Nobel, 1986.

McLUHAN, M. *Os meios de comunicação como extensões do homem*. São Paulo: Cultrix, 1974.

MILLER, J. A. *Matemas*. Buenos Aires: Manantial, 1987.

MOLES, A. *A criação científica*. São Paulo: Perspectiva, 1981.

MONTEIRO, I. *Einstein*: reflexões filosóficas. São Paulo: Alvorada, 1985.

MORIN, E. *O método (I)*. Europa-América, 1977. (III). Europa-América, 1986.

MORRIS, Ch. O falar e o agir humano. In: GADAMER-VOGLER. *Nova antropologia*. São Paulo: EPU/Edusp, 1977, p. 173-84. v. 7: *Antropologia Filosófica II*.

NAGEL, E.; NEWMAN, J. R. *Prova de Godel*. São Paulo: Perspectiva/Edusp, 1973.

NAGLE, J. (Org.). *Educação e linguagem*. São Paulo: Edart, 1976.

NEEDHAM, Joseph. *Science and civilisation in China*. Cambridge: At the University Press, 1959. 3 v.

_____. *La gran titulación*: ciencia y sociedad en Oriente y Occidente. Madrid: Alianza Editorial, 1977.

PAGLIARO, Antonio. *A vida do sinal*. Lisboa: Fundação Calouste Gulbenkian, 1967.

PANFILOV, V. Z. *Gramática y lógica*. Buenos Aires: Paidós, 1972.

PASSMORE, John. *Filosofia de la enseñanza*. México: Fondo de Cultura, 1983.

PEIRCE, C. S. *Elementos de lógica*. São Paulo: Abril Cultural, 1980. (Col. Os Pensadores).

_____. *Semiótica*. São Paulo: Perspectiva, 1977.

PESSOA, Fernando. *Poesias de Álvaro de Campos*. Lisboa: Edições Ática, 1969.

PETITGIRARD, P. (Org.). *Philosophie du langage*. Paris: Delagrave, 1976.

PETITOT, J. et alii. *Enciclopédia Einaudi*. Lisboa: Imprensa Nacional, Casa da Moeda, 1985. V. 4: Local/Global.

PETROVSKI, A. *Psicologia evolutiva y pedagógica*. Moscú: Editorial Progreso, 1985.

PIAGET, J. *O estruturalismo*. Lisboa: Moraes Editores, 1981.

PIAGET, J.; GARCIA, R. *Psicogénesis e história de la Ciencia*. México: Siglo Veintiuno, 1984.

PIAGET, J. et alii. *La enseñanza de las matemáticas modernas*. Madrid: Alianza Editorial, 1978.

PIATELLI-PALMARINI, M. (Org.). *Teorias da linguagem /teorias da aprendizagem*. São Paulo: Cultrix/Edusp, 1983.

PIATELLI-PALMARINI, M.; MORIN, E. (Orgs.). *A unidade do homem*. São Paulo: Cultrix/Edusp, 1985. 3 v.

PLATÃO. *Cartas*. Lisboa: Editorial Estampa, 1971.

PLEBE, Armando. *Breve história da retórica antiga*. São Paulo: EPU/Edusp, 1978.

POE, E. A. *Eureka*. São Paulo: Max Limonad, 1986.

POINCARÉ, H. *La valeur de la science*. Paris: Flammarion, 1970.

_____. *A ciência e a hipótese*. Brasília: Editora da Universidade de Brasília, 1984.

POUND, Ezra. *A arte da poesia*. São Paulo: Cultrix/Edusp, 1976.

_____. *ABC da literatura*. São Paulo: Cultrix, 1986.

QUINTANA, Mário. Caderno H, trecho publicado na revista *Isto É*, de 12.3.1986, p. 75.

_____. *Baú de espantos*. Porto Alegre: Globo, 1986.

RAMBALDI, E. Abstrato/Concreto. In: *Enciclopédia Einaudi*. Lisboa: Imprensa Nacional, Casa da Moeda, 1988. V. 10: Dialética, p. 175-225.

_____. Identidade/Diferença. In: *Enciclopédia Einaudi*. Lisboa: Imprensa Nacional, Casa da Moeda, 1988. V. 10: Dialética, p. 11-44.

REBOUL, O. *O slogan*. São Paulo: Cultrix, 1975.

RÉGNIER., A. *La crise du langage scientifique*. Paris: Éditions Anthropos, 1974.

RICOEUR, P. *História e verdade*. Rio de Janeiro: Forense, 1968.

_____. *Interpretação e ideologias*. Rio de Janeiro: Francisco Alves, 1977.

ROBINSON, Abraham. *Selected papers*. Amsterdam: Horth Holand Publishing Company, 1979. V. 2.

RÓNAI, Paulo. *Babel & antibabel*. São Paulo: Perspectiva, 1970.

RYLE, G. *A linguagem ordinária*. São Paulo: Abril Cultural, 1980. (Col. Os Pensadores).

RYLE, G. *El concepto de lo mental*. Buenos Aires: Paidós, 1967.

SANTALO, L. A. As Seções Indiscretas. *Ciência Hoje*, n. 5, São Paulo, nov./dez. 1984, p. 26-32.

SAUSSURE, F. de. *Curso de linguística geral*. São Paulo: Cultrix, 1987.

SCHAFF, Adam. *Linguagem e conhecimento*. Coimbra: Livraria Almedina, 1964.

SCHEFFLER, I. *A linguagem da educação*. São Paulo: Saraiva/Edusp, 1978.

SELIGMAN, Martin E. P. *Desamparo*. São Paulo: Hucitec/Edusp, 1977.

SKINNER, B. D. *Tecnologia do ensino*. São Paulo: Herder/Edusp, 1972.

SLOBIN, D. I. *Psicolinguística*. São Paulo: Ed. Nacional/Edusp, 1980.

SNYDERS, G. *Para onde vão as pedagogias não-directivas?* Lisboa: Moraes Editores, 1978.

SOURY, P. *Cadenas, rudos y superfícies en la obra de Lacan*. Buenos Aires: Xavier Bóveda Ediciones, 1984.

SOUZA, Alduísio M. de. *Uma leitura introdutória a Lacan*. Porto Alegre: Artes Médicas Sul, 1985.

TAHAN, Malba. *O homem que calculava*. 29. ed. Rio de Janeiro: Record, 1985.

THOM, R. "Modern" Mathematics: An Educational and Philosophic Error? *American Scientist*. V. 59, 1971, p. 695-99.

_____. *Parábolas e catástrofes*. Lisboa: Don Quixote, 1985.

_____. Quantidade/Qualidade. In: *Enciclopédia Einaudi*. Lisboa: Imprensa Nacional, Casa da Moeda, 1988. V. 10: Dialética, p. 206-243.

_____. *Modéles mathématiques de la morphogénèse*. Paris: 10/18, 1974.

_____. *Stabilité structurelle et morphogénèse*. Massachusetts: W. A. Benjamin, 1972.

VAN-HIELE, Pierre M. *Structure and insight*: a theory of mathematics education. New York: Academic Press, 1986.

VYGOTSKY, L. S. *Pensamento e linguagem*. Lisboa: Antídoto, 1979.

VYGOTSKY, L. S.; LURIA, A. R.; LEONTIEV, A. N. *Linguagem, desenvolvimento e aprendizagem*. São Paulo: Ícone/Edusp, 1988.

WANG, Y. The Chinese Language. *Scientific American*, v. 228, 1973. p. 51-60

WASON, Peter C. Razonamiento sobre una regia. In: DELVAL, J. A. (Org.). *Investigaciones sobre lógica y psicologia*. Madrid: Alianza Editorial, 1977. p. 249-63.

_____. A Teoria das Operações Formais — Uma crítica. In: GEBER, B. *A Psicologia do conhecimento em Piaget*. Rio de Janeiro: Zahar, 1979, p. 119-35.

WATZLAWICK, P. et alii. *Mudança*. São Paulo: Cultrix, 1977.

_____. *Pragmática da comunicação humana*. São Paulo: Cultrix, 1981.

WEISGERBER, L. O Alcance Antropológico do Estudo Energético da Linguagem. In: GADAMER-VOGLER. *Nova Antropologia*. São Paulo: EPU, Edusp, 1977, p. 121-48. V. 7: Antropologia Filosófica, II.

WHEELER, D. Imagem e Pensamento Geométrico. In: CIEAEM. Compte-Rendus de la *33ᵉ Rencontre Internationale*, p. 351-53, Pallanza, 1981.

WHITEHEAD, A. N. *A função da razão*. Brasília: Editora da Universidade de Brasília, 1929.

_____. *Introdução à matemática*. Coimbra: Armênio Amado Editor, s/d.

WIESER, W. *Organismos, estruturas, máquinas*. São Paulo: Cultrix, 1972.

WILDER, R. L. *Evolution of mathematical concepts*. London: The Open University Press, 1973.

WITTGENSTEIN, L. *Tractatus logico-philosophicus*. São Paulo: Biblioteca Nacional/ Edusp, 1968a.

_____. *Los cuadernos azul y marrón*. Madrid: Editorial Tecnos, 1968b.

APÊNDICE

A MATEMÁTICA E A LÍNGUA MATERNA NOS CURRÍCULOS

Introdução: Dificuldades com a Matemática

Os extremos são muito frequentes, neste tema: ama-se ou odeia-se a Matemática. Para alguns, o tema é sedutor, lugar de harmonias, equivalências, simetrias, ordenações e relações caprichosas e surpreendentes, expressão de beleza que tangencia a poesia. Para outros, trata-se de um território árido, povoado por números frios e cálculos insípidos, compreensíveis apenas por especialistas, pessoas com dons especiais, do qual nos afastamos tanto quanto as necessidades do dia a dia nos permitem. E elas não nos permitem muito afastamento: tanto nos apreciadores quanto nos detratores, há uma clara consciência da relevância do tema e de sua importância na comunicação e nas ações cotidianas.

Por outro lado, a anomalia nos resultados com o ensino de Matemática nos diversos níveis escolares é amplamente reconhecida. Um aparente consenso quanto à existência de problemas não significa, no entanto, uma convergência nos diagnósticos.

Alguns afirmam que as dificuldades resultam de certas características intrínsecas da Matemática. Sendo um tema que envolve constantemente o recurso a abstrações, ela exigiria de seus aprendizes e praticantes algumas aptidões peculiares, inatas. Outros pretendem que a origem dos problemas é de natureza didática e está associada a metodologias arcaicas, hoje inadequadas. O que se observa, no entanto, é que muitas das novas metodologias representam apenas modificações periféricas nas práticas tradicionais, revestidas de uma linguagem mais atraente. Há quem culpe os currículos, acusando-os de insuficiente atualização, o que conduziria a uma cristalização nos conteúdos apresentados. Mas as sucessivas propostas curriculares, nos mais diferentes países, não têm sido suficientes para alterar significativamente o panorama. Há os que concentram as críticas na insuficiente apresentação de aplicações práticas para os conteúdos ensinados, mas as crianças continuam a gostar muito de contos de fadas, distantes da vida cotidiana, e a fazer pouco caso dos conceitos matemáticos. Há ainda os que depositam suas fichas na falta de interesse dos alunos, ou em dissonâncias psicológicas na aprendizagem escolar, mas os alunos não são inapetentes em todos os temas, demonstrando grande entusiasmo com certos temas extraescolares.

Em cada uma das vertentes anteriormente referidas, diversas reflexões buscam delimitar os problemas e propor ações corretivas. O primeiro grande desafio a ser enfrentado em uma nova inquirição é o de situar-se em meio a esse cipoal de perspectivas, tentando identificar algo que parece perpassar todos os diagnósticos — ou que escapa entre os dedos nas múltiplas análises. Conscientes da complexidade da tarefa a ser empreendida, vamos a ela.

Metodologia, epistemologia, psicologia... encantamento!

Cada uma das perspectivas apresentadas pode ser explorada com proveito. Metodologias, epistemologias, psicologias, modernizações curriculares relacionam-se efetivamente com os problemas no ensino e na aprendizagem de Matemática, mas existe um território, na região de confluência de todas essas vertentes, que nos parece merecedor de uma atenção especial. Consideramos que a maior fonte de dificuldades com a Matemática resulta da falta de entusiasmo dos alunos pelo tema. Injustamente associada apenas a operações com números, ou a técnicas de fazer contas, a Matemática perde grande parte de seu encanto.

É certo que as ferramentas matemáticas nos ajudam a lidar com a realidade concreta. Seu uso reiterado no dia a dia e sua importância como linguagem das Ciências, em todas as áreas, são indiscutíveis. Mas há algo na Matemática que escapa a qualquer sentido prático/utilitário, que expressa relações, às vezes surpreendentes, e nos ajuda a construir o significado do mundo da experiência, no mesmo sentido em que um poema o faz. Um poema nunca se deixa traduzir em termos de utilidade prática: ele nos faz sentir, compreender, instaura novos sentidos, dá vida a contextos ficcionais. Não vivemos de ficções, mas não vivemos sem a abertura propiciada pelo fictício. A Matemática partilha com a poesia esse potencial para criar novos mundos, inspirados na realidade, mas cheios de encantamentos.

Para enfrentar as dificuldades com o ensino de Matemática, mais do que despertar o interesse pelas suas aplicações práticas, é fundamental desvelar sua beleza intrínseca, sua vocação para a apreensão dos padrões e das regularidades na natureza, suas relações diretas com os ritmos, com a música, com as artes de modo geral. É necessário pensar e sentir, consumir e produzir, compreender e fruir os temas que estudamos. **É preciso compreender a Matemática como um sistema básico de expressão e compreensão do mundo, em sintonia e em absoluta complementaridade com a língua materna. Em outras palavras, é preciso reencantar a Matemática, e para tanto, a exploração de sua aproximação visceral com a língua materna é fundamental.**

A Matemática e a língua materna nos currículos

Os currículos escolares, em todas as épocas e culturas, têm no par Matemática/língua materna seu eixo fundamental. Gostando ou não do tema, as crianças estudam-no e os adultos utilizam-no em suas ações como consumidores, cidadãos, pessoas conscientes e autônomas. Todos lidam com números, medidas, operações, leem e interpretam textos e gráficos, vivenciam relações de ordem e de equivalência, argumentam e tiram conclusões válidas a partir de proposições verdadeiras, fazem inferências plausíveis a partir de informações parciais ou incertas; em outras palavras, todos recorrem à Matemática. Se a ninguém é permitido dispensá-la sem abdicar de seu bem mais precioso — a consciência nas ações —, então, que tal aceitarmos um convite para um passeio pelo tema, buscando ângulos que nos revelem suas faces mais afáveis, suas interfaces mais amigáveis?

O currículo como um mapa

O objetivo principal de um currículo é mapear o vasto território do conhecimento, recobrindo-o por meio de disciplinas, e articular estas de tal modo que o mapa assim elaborado constitua um permanente convite a viagens, não representando apenas uma delimitação rígida de fronteiras entre os diversos territórios disciplinares. Em cada disciplina, os conteúdos devem ser organizados de modo a possibilitar o tratamento dos dados para que possam se transformar em informações, e o tratamento das informações para que sirvam de base para a construção do conhecimento. Por meio das diversas disciplinas, os alunos adentram de maneira ordenada — de modo disciplinado, portanto — o fecundo e complexo universo do conhecimento, em busca do desenvolvimento das competências básicas para sua formação pessoal.

A Matemática e a língua materna — entendida aqui como a primeira língua que se aprende — têm sido as disciplinas básicas na constituição dos currículos escolares, em todas as épocas e culturas, havendo um razoável consenso relativamente ao fato de que, sem o desenvolvimento adequado de tal eixo linguístico/lógico-matemático, a formação pessoal não se completa. Desde as séries iniciais de escolarização, as crianças, ao mesmo tempo em que aprendem a se expressar e se comunicar na língua materna, gostando ou não da Matemática, a estudam compulsoriamente. Existe um acordo tácito com relação ao fato de que os adultos necessitam da Matemática em suas ações como consumidores, como cidadãos, como pessoas conscientes e autônomas.

A Matemática como meio de formação pessoal: as competências

Nas últimas duas décadas, explicitou-se com mais nitidez o que já era apresentado tacitamente em todas as propostas curriculares: por mais importantes que sejam, os conteúdos disciplinares, nas diversas áreas, são meios para a formação dos alunos como cidadãos e como pessoas. As disciplinas são imprescindíveis e fundamentais, mas o foco permanente da ação educacional deve situar-se no desenvolvimento das competências pessoais dos alunos, ou seja, o fim último da Educação é a formação pessoal. Mas, quais seriam essas competências pessoais a serem desenvolvidas por meio das disciplinas?

Na matriz do Exame Nacional do Ensino Médio (ENEM), cinco são as competências básicas cujo desenvolvimento conduz a uma formação pessoal consistente. De modo sintético, elas são relacionadas a seguir:

- *Competência I: capacidade de expressão em diferentes linguagens, incluídas a língua materna, a Matemática, as artes, entre outras;*
- *Competência II: capacidade de compreensão de fenômenos, que incluem desde a leitura de um texto até a "leitura" do mundo;*
- *Competência III: capacidade de contextualizar os conteúdos disciplinares, de problematizar, de enfrentar situações-problema;*
- *Competência IV: capacidade de argumentar de modo consistente, de desenvolver o pensamento crítico; e*
- *Competência V: capacidade de sintetizar, de decidir, após as análises argumentativas, e elaborar propostas de intervenção solidária na realidade.*

Certamente a Matemática relaciona-se diretamente com todas as capacidades acima relacionadas. Como se pode depreender da observação da matriz de competências do ENEM, nenhuma disciplina constitui um fim em si mesmo, nem deve ser considerada um conteúdo destinado apenas a especialistas ou pessoas com dons especiais. A Matemática nos currículos deve constituir, em parceria com a língua materna, um recurso imprescindível para uma expressão rica, uma compreensão abrangente, uma argumentação correta, um enfrentamento assertivo de situações-problema, uma contextuação significativa dos temas estudados. Quando os contextos são deixados de lado, os conteúdos estudados deslocam-se sutilmente da condição de meios para a de fins das ações docentes. E sempre que aquilo que deveria ser apenas meio transmuta-se em fim, ocorre o fenômeno da mediocrização.

Para exemplificar tal fato, mencionamos que todos vivemos em busca de um ideal, temos um projeto de vida, e para tanto, precisamos garantir nossa subsistência, dispondo de alimentação, moradia, entre outras condições básicas; se toda a nossa vida se resume à busca da garantia de tais condições mínimas de sobrevivência, não temos mais do que uma vida medíocre. Analogamente, trabalhamos para realizar nossos projetos, e a justa remuneração que devemos receber é um meio para isso; quando o dinheiro deixa de ser o meio e passa a ser o fim de nossa atividade, não temos mais do que uma vida profissional medíocre. No mesmo sentido, a transformação dos conteúdos das matérias escolares em fins da Educação Básica somente pode conduzir a um ensino medíocre.

A caracterização dos conteúdos disciplinares como meio para a formação pessoal coloca em cena a necessidade da contextuação daqueles, uma vez que a apresentação escolar sem referências ou com mínimos elementos de contato com a realidade concreta dificulta a compreensão dos fins a que se destinam. É fundamental, no entanto, que a valorização da contextuação seja equilibrada com o desenvolvimento de outra competência, igualmente valiosa: a capacidade de abstrair o contexto, de apreender relações que são válidas em múltiplos contextos, e, sobretudo, a capacidade de imaginar situações fictícias, que não existem concretamente, ainda que possam vir a ser realizadas. Tão importante quanto referir o que se aprende a contextos práticos é ter capacidade de, a partir da realidade factual, imaginar contextos ficcionais, situações inventadas que proponham soluções novas para problemas efetivamente existentes. Limitar-se aos fatos, ao que já está feito, pode conduzir ao mero fatalismo. Sem tal abertura para o mundo da imaginação, do que ainda não existe enquanto contexto, estaríamos condenados a apenas reproduzir o que já existe, consolidando um conservadorismo no sentido mais pobre da expressão.

Ainda que o desenvolvimento de tal capacidade de abstração esteja presente nos conteúdos de todas as disciplinas, ela se encontra especialmente associada aos objetos e aos conteúdos de Matemática. Na verdade, na construção do conhecimento, o ciclo não se completa senão quando se constitui o movimento contextuar/abstrair/contextuar/abstrair... Quando se critica a abstração de grande parte dos conteúdos escolares, o que se reclama é da falta da complementaridade da contextuação; igualmente criticável pode ser uma fixação rígida de contextos, na apresentação dos diversos temas. De modo geral, uma rígida associação entre conteúdos e contextos, que tolha a liberdade de imaginação de novas contextuações, pode ser tão inadequada quanto uma ausência absoluta de interesse por contextos efetivos para os conteúdos estudados na escola.

A partir das ideias gerais apresentadas na formulação do ENEM, dando-se destaque à valorização da capacidade de extrapolação de contextos acima referida, é possível vislumbrarmos um elenco de competências básicas a serem desenvolvidas pelos alunos ao longo da escola básica, incluindo três pares complementares de competências, que constituem três eixos norteadores da ação educacional:

- O eixo **expressão/compreensão**: a capacidade de expressão do eu, por meio das diversas linguagens, e a capacidade de compreensão do outro, do não-eu, do que me complementa, o que inclui desde a leitura de um texto, de uma tabela, de um gráfico, até a compreensão de fenômenos históricos, sociais, econômicos, naturais etc.;

- O eixo **argumentação/decisão**: a capacidade de argumentação, de análise e de articulação das informações e relações disponíveis, tendo em vista a viabilização da comunicação e da ação comum, a construção de consensos, e a capacidade de elaboração de sínteses de leituras e argumentações, visando a tomada de decisões, a proposição e a realização de ações efetivas;

- O eixo **contextuação/abstração**: a capacidade de contextuação dos conteúdos estudados na escola, de enraizamento na realidade imediata, nos universos de significações — sobretudo no mundo do trabalho —, e a capacidade de abstração, de imaginação, de consideração de novas perspectivas, de virtualidades, de potencialidades para se conceber o que ainda não existe.

Nos três eixos citados, o papel da Matemática é facilmente reconhecido e, sem dúvida, é fundamental. No primeiro eixo, ao lado da língua materna, a Matemática compõe um par complementar como meio de expressão e de compreensão da realidade. Quando ainda muito pequenas, as crianças interessam-se por letras e números sem elaborar qualquer distinção nítida entre as duas disciplinas. Se depois, no percurso escolar, passam a temer os números ou a desgostar-se deles, isso decorre mais de práticas escolares inadequadas e circunstâncias diversas do que de características inerentes aos números. Os objetos matemáticos — números, formas, relações — constituem instrumentos básicos para a compreensão da realidade, desde a leitura de um texto ou a interpretação de um gráfico até a apreensão quantitativa das grandezas e relações presentes em fenômenos naturais ou econômicos, entre outros.

No eixo argumentação/decisão, o papel da Matemática como instrumento para o desenvolvimento do raciocínio lógico, da análise racional — tendo em vista a obtenção de conclusões necessárias —, é bastante evidente. Destaquemos apenas dois pontos cruciais. Primeiro, na construção do pensamento lógico, seja ele indutivo ou dedutivo, a Matemática e a língua materna partilham fraternalmente a função de desenvolvimento do raciocínio. Na verdade, em tal terreno, a fonte primária é a língua, e a Matemática é uma fonte secundária — não em importância, mas porque surge em segundo lugar, depois da língua materna, na formação inicial das pessoas. O segundo ponto a ser considerado é que, no tocante à capacidade de sintetizar, de tomar decisões a partir dos elementos disponíveis, a Matemática assume um papel preponderante. Suas situações-problema são mais nítidas do que as de outras matérias, favorecendo o exercício do movimento argumentar/decidir ou diagnosticar/propor. Em outras palavras, aprende-se a resolver problemas primariamente na Matemática e secundariamente nas outras disciplinas.

No que se refere ao terceiro eixo de competências, a Matemática é uma instância bastante adequada, ou mesmo privilegiada, para se aprender a lidar com os elementos do par concreto/abstrato. Mesmo sendo considerados especialmente abstratos, os objetos matemáticos são os exemplos mais facilmente imagináveis para se compreender a permanente articulação entre as abstrações e a realidade concreta. De fato, contar objetos parece uma ação simples que propicia uma natural relação entre tais instâncias: o abstrato número 5 não é nada mais do que o elemento comum a todas as coleções concretas que podem ser colocadas em correspondência um a um com os dedos de uma mão, sejam tais coleções formadas por bananas, abacaxis, pessoas, ideias, pedras, fantasmas, poliedros regulares, quadriláteros notáveis etc. Na verdade, em qualquer assunto, não é possível conhecer sem abstrair. A realidade costuma ser muito complexa para uma apreensão imediata; as abstrações são simplificações que representam um afastamento provisório da realidade, com a intenção explícita de mais bem compreendê-la. A própria representação escrita dos fonemas, no caso da língua materna, costuma ser menos "amigável", ou mais "abstrata", do que grande parte dos sistemas de numeração, na representação de quantidades. As abstrações não são um obstáculo para o conhecimento, mas constituem uma condição sem a qual não é possível conhecer. No que se refere às abstrações, a grande meta da escola não pode ser a de eliminá-las — o que seria um verdadeiro absurdo —, mas sim a de tratá-las como instrumentos, como meios para a construção do conhecimento, em todas as áreas, e não como um fim em si mesmo.

A Matemática e a realidade: as tecnologias

Naturalmente, o ponto de partida para a exploração dos temas matemáticos sempre será a realidade imediata em que nos inserimos. Entretanto, isso não significa a necessidade de uma relação direta entre todos os temas tratados em sala de aula e os contextos de significação já vivenciados pelos alunos. Em nome de um utilitarismo imediatista, o ensino de Matemática não pode privar os alunos do contato com temas epistemologicamente e culturalmente relevantes. Tais temas podem abrir horizontes e perspectivas de transformação da realidade, contribuindo para a imaginação de relações e situações que transcendem os contextos já existentes. Cada assunto pode ser explorado numa perspectiva histórica, embebido de uma cultura matemática que é fundamental para um bom desempenho do professor, mas deve trazer elementos que possibilitem uma abertura para o novo, que viabilizem uma ultrapassagem de situações já existentes, quando isso se tornar necessário.

Particularmente no que tange às tecnologias e à inserção no mundo do trabalho, a Matemática encontra-se numa situação de ambivalência que, longe de ser indesejável, desempenha um papel extremamente fecundo. Por um lado, certamente os numerosos recursos tecnológicos disponíveis para a utilização em atividades de ensino encontram um ambiente propício para acolhimento no terreno da Matemática: máquinas de calcular, computadores, *softwares* para a construção de gráficos, para as construções em geometria, para a realização de cálculos estatísticos, são muito bem-vindos, e o acesso a tais recursos será crescente, inevitável e desejável, salvo em condições extraordinárias, em razão de um extremo mau uso. Por outro lado, se, no âmbito da tecnologia, o novo sempre fascina, insinuando-se como um valor apenas pelo fato de ser novo, na Matemática existe certa vacinação natural contra o fascínio ingênuo pelo novo. Afinal, a efemeridade dos recursos tecnológicos e a rapidez com que entram e saem de cena são um sintoma claro de sua condição de meio. Os meios são importantes, quando sabemos para onde queremos ir, mas o caminho a seguir não pode ser ditado pelos equipamentos, pelos instrumentos, por mais sofisticados que sejam ou pareçam. A Matemática, sua história e sua cultura são um exemplo candente de equilíbrio entre a conservação e a transformação, no que tange aos objetos do conhecimento. Uma máquina a vapor ou um computador IBM 360 certamente têm, hoje, um interesse apenas histórico, podendo ser associados a peças de museus; o Teorema de Pitágoras, o Binômio de Newton e a relação de Eüler, no entanto, assim como os valores humanos presentes em uma peça de Shakespeare, permanecem absolutamente atuais.

A Matemática nos currículos

Como já foi dito, a Matemática desempenha nos currículos o papel de um sistema primário de expressão, assim como a língua materna, com a qual interage continuamente. Ela se articula permanentemente com todas as formas de expressão, especialmente com as que são associadas às tecnologias informáticas, colaborando para uma tomada de consciência da ampliação de horizontes que essas novas ferramentas propiciam. Não se deve perder de vista, no entanto, que a Matemática tem um conteúdo próprio, como todas as outras disciplinas, o que a faz transcender os limites de uma linguagem formal. E as linguagens são muito importantes para quem tem conteúdo, ou seja, para quem tem algo a expressar. Os conteúdos a serem expressos devem ser relevantes, e aí é que explode o caráter subsidiário das linguagens, em geral. Instrumentos como as calculadoras ou os computadores podem e devem ser utilizados crescentemente, de modo crítico, aumentando a capacidade de cálculo e de expressão, contribuindo para que deleguemos às máquinas tudo o que diz respeito aos meios criticamente apreendidos, e possibilitando ao estudante uma dedicação àquilo que não pode ser delegado a máquinas, por mais sofisticadas que pareçam, como é o caso dos projetos, dos valores, dos fins da Educação.

Reiteremos que os conteúdos da disciplina Matemática são um meio para o desenvolvimento de competências tais como as que foram anteriormente relacionadas: capacidade de expressão pessoal, de compreensão de fenômenos, de argumentação consistente, de tomada de decisões conscientes e refletidas, de problematização e enraizamento dos conteúdos estudados em diferentes contextos e de imaginação de situações novas. Como será explicitado mais adiante, a estratégia básica para mobilizar os conteúdos, tendo em vista o desenvolvimento das competências, será a identificação e a exploração das ideias fundamentais de cada tema. É possível abordar muitos assuntos sem a devida atenção às ideias fundamentais, assim como o é escolher alguns assuntos como pretexto para a apresentação da riqueza e da fecundidade de tais ideias.

Em todas as disciplinas curriculares, o foco principal das ações educacionais deve ser a transformação de informação em conhecimento. Facilmente disponíveis, as informações circulam amplamente, podendo ser obtidas em bancos de dados cada vez maiores. Elas se apresentam, no entanto, de modo desordenado e fragmentado, o que faz com que sejam naturalmente efêmeras. Apesar de serem matéria-prima fundamental para a construção do conhecimento, não basta reuni-las para que tal construção ocorra: é necessário tratá-las de modo adequado. Nesse sentido, tem sido frequente, na apresentação dos conteúdos que devem ser estudados, sobretudo na área de Matemática, o destaque a alguns temas que têm sido rotulados de "Tratamento da Informação": porcentagens, médias, tabelas, gráficos de diferentes tipos etc. Apesar de reconhecer a importância de tal destaque, consideramos importante evidenciar aqui o fato de que todos os conteúdos estudados na escola básica, em todas as disciplinas, podem ser classificados como "Tratamento da Informação". Um procedimento extremamente importante, em todas elas, é a seleção e o mapeamento das informações relevantes, tendo em vista articulá-las convenientemente, interconectando-as a fim de produzir visões organizadas da realidade. Construir mapas de relevância tem-se tornado um recurso cada vez mais geral, em todas as áreas, para propiciar uma perspectiva ponderada das relações constitutivas dos diversos contextos, que possa conduzir ao nível da teoria, ou seja, da visão que leva à compreensão dos significados dos temas estudados. Consideramos, portanto, que o Tratamento da Informação, tendo em vista a transformação da informação em conhecimento, é a meta comum de todas as disciplinas escolares, e em cada disciplina, de todos os conteúdos a serem ensinados.

O que ensinar: conteúdos, ideias fundamentais, competências

Como já se registrou anteriormente, um currículo tem a função de mapear os temas/conteúdos considerados relevantes, visando o tratamento da informação e a construção do conhecimento. As disciplinas têm um programa, que estabelece os temas a serem estudados, que constituirão os meios para o desenvolvimento das competências pessoais. Em cada conteúdo, devem ser identificadas as ideias fundamentais a serem exploradas. Tais ideias constituem a razão do estudo das diversas disciplinas. A lista de conteúdos a serem estudados costuma ser extensa, e às vezes é artificialmente ampliada por meio de uma fragmentação minuciosa em tópicos nem sempre suficientemente significativos; a lista de ideias fundamentais a serem exploradas, no entanto, não é tão extensa, uma vez que justamente o fato de serem fundamentais conduz a uma reiteração delas no estudo de uma grande diversidade de assuntos.

Consideremos, por exemplo, a ideia de **proporcionalidade**. Ela se encontra presente tanto no raciocínio analógico, em comparações tais como "O Sol está para o dia assim como a Lua está para a noite", quanto no estudo das frações, nas razões e proporções, no estudo da semelhança de figuras, nas grandezas diretamente proporcionais, no estudo das funções do primeiro grau, e assim por diante. Analogamente, a ideia de **equivalência,** ou de igualdade naquilo que vale, está presente nas classificações, nas sistematizações, na elaboração de sínteses, mas também quando se estudam as frações, as equações, as áreas ou volumes de figuras planas ou espaciais, entre muitos outros temas. A ideia de **ordem**, de organização sequencial, tem nos números naturais sua referência básica, mas pode ser generalizada quando pensamos em hierarquias segundo outros critérios, como a ordem alfabética, por exemplo. Também está associada, de maneira geral, a priorizações de diferentes tipos e à construção de algoritmos.

Outra ideia a ser valorizada ao longo de todo o currículo é a de **aproximação**, a de realização de cálculos aproximados. Longe de ser o lugar por excelência da exatidão, da precisão absoluta, a Matemática não sobrevive nos contextos práticos, nos cálculos do dia a dia sem uma compreensão mais nítida da importância das aproximações. Os números irracionais, por exemplo, somente existem na realidade concreta, sobretudo nos computadores, por meio de suas aproximações racionais. Algo semelhante ocorre na relação entre os aspectos lineares (que envolvem a ideia de proporcionalidade direta entre duas grandezas) e os aspectos não lineares da realidade: os fenômenos não lineares costumeiramente são estudados de modo proveitoso por meio de suas aproximações lineares.

É importante destacar, no entanto, que, ao realizar aproximações, não estamos nos resignando a resultados inexatos, por limitações em nossos conhecimentos: um cálculo aproximado pode ser — e em geral o é — tão bom, tão digno de crédito quando um cálculo exato, desde que satisfaça a certas condições muito bem explicitadas nos procedimentos matemáticos. O critério decisivo é o seguinte: uma aproximação é ótima se e somente se temos permanentemente condições de melhorá-la, caso desejemos.

Proporcionalidade, equivalência, ordem, aproximação: eis aí alguns exemplos de ideias fundamentais a serem exploradas nos diversos conteúdos apresentados, tendo em vista o desenvolvimento de competências como a capacidade de expressão, de compreensão, de argumentação etc.

Naturalmente, o reconhecimento e a caracterização das ideias fundamentais em cada disciplina é uma tarefa urgente e ingente, constituindo o verdadeiro antídoto para o excesso de fragmentação na apresentação dos conteúdos disciplinares. De fato, as ideias realmente fundamentais em cada tema apresentam duas características notáveis, que funcionam como critério para distingui-las de outras, menos relevantes. Em primeiro lugar, elas se fazem notar diretamente nos mais diversos assuntos de uma disciplina, possibilitando, em decorrência de tal fato, uma articulação natural entre estes, numa espécie de "interdisciplinaridade interna". A ideia de proporcionalidade, por exemplo, transita com desenvoltura entre a Aritmética, a Álgebra, a Geometria, a Trigonometria, as funções etc. Em segundo lugar, uma ideia realmente fundamental sempre transborda os limites da disciplina em que se origina ou em relação à qual é referida. A ideia de energia, por exemplo, mesmo desempenhando um papel fundamental na Física, transita com total pertinência pelos terrenos da Química, da Biologia, da Geografia etc. Em razão disso, favorece naturalmente uma aproximação no tratamento dos temas das diversas disciplinas.

O ensino com significado: centros de interesse, interdisciplinaridade

Naturalmente, não se pode pretender que exista apenas uma forma adequada de tratamento dos diversos conteúdos disciplinares, o que constituiria uma mistura de ingenuidade e arrogância. Consideramos, no entanto, que algumas ideias gerais sobre o tema merecem ser destacadas, no que se refere à forma de apresentação dos conteúdos selecionados.

Em primeiro lugar, há o fato de que, em qualquer disciplina, conhecer é sempre conhecer o **significado**, ou seja, o grande valor a ser cultivado é a apresentação de conteúdos significativos para os alunos. O significado é mais importante do que a utilidade prática, que nem sempre pode ser associada ao que se ensina — afinal, para que serve um poema? Um poema não se usa, ele significa algo... Sempre que os alunos nos arguem sobre a utilidade prática, o que eles efetivamente buscam é que apresentemos um significado para aquilo que pretendemos que aprendam. E na construção dos significados, uma ideia norteadora é a de que as **narrativas** são muito importantes, são verdadeiramente decisivas na arquitetura de cada aula. É contando histórias que os significados são construídos. E ainda que tais narrativas sejam, muitas vezes, construções fictícias ou fantasiosas, como ocorre, por exemplo, no caso do recurso a jogos, uma fonte primária para alimentar as histórias a serem contadas é a História em sentido estrito: História da Matemática, História da Ciência, História das Ideias, História... Na verdade, não parece concebível ensinar qualquer disciplina sem despertar o interesse em sua história — e na História em sentido pleno. Ainda que possamos tentar ensinar os conceitos que nos interessam tais como eles se nos apresentam atualmente, os significados são vivos, eles se transformam, eles têm uma história. E é na história que buscamos não apenas uma compreensão mais nítida dos significados dos conceitos fundamentais, mas principalmente o significado das mudanças conceituais, ou seja, o significado das mudanças de significado. Os logaritmos, por exemplo, que inicialmente eram instrumentos fundamentais para a simplificação de cálculos, hoje não se destinam precipuamente a isso, sendo imprescindíveis no estudo das grandezas que variam exponencialmente: decomposição radiativa, crescimento exponencial, potencial hidrogeniônico, escala Richter para terremotos, decibéis etc. Quem ignorar hoje a riqueza de significados presente na ideia de logaritmo e se dirigir a uma sala de aula do ensino médio pretendendo ensiná-la tendo em vista a simplificação de cálculos, não será compreendido pelos alunos, que poderão até mesmo considerar bizarra a intenção do professor. Neste, como em todos os assuntos, o professor precisa ser um bom contador de histórias. Preparar uma aula será sempre arquitetar uma narrativa, tendo em vista a construção do significado das noções apresentadas.

Para contar uma boa história, é necessário, no entanto, ganhar a atenção dos alunos, é preciso criar **centros de interesse**. É fundamental cultivar o bem mais valioso de que dispõe um professor na sala de aula: o interesse dos alunos. De fato, diante de um aluno que desconhece conteúdos específicos, por mais simples que sejam tais conteúdos, o professor não enfrenta problemas sérios: quanto mais simples for o conteúdo desconhecido, mais improdutivo será reclamar da sua ausência, mais eficaz será ensinar imediatamente tal conteúdo. Desde, naturalmente, que o aluno em questão queira sabê-lo. Estamos diante de um problema sério, não diante de um aluno que não sabe algo, mas sim diante de um aluno que não quer sabê-lo, não tem interesse por tal conteúdo. E certamente depende da ação do professor — ainda que não dependa apenas dela — a criação de centros de interesse nos alunos. É fácil constatar, por exemplo, que os alunos interessam-se — ou não — por uma foto que lhes apresentamos: os elementos visuais principais, as relações entre eles, o enraizamento da imagem na experiência pessoal de cada um são fatores que contribuem para despertar a atenção. Uma foto, no entanto, é constituída por milhares e milhares de pontos, convenientemente agrupados para compô-la. A maior parte dos alunos não se interessa, inicialmente, por pormenores pontuais, ou referentes a alguma característica técnica especial utilizada na composição da foto. Tal fato sugere que é mais eficaz para o professor, na busca de despertar o interesse dos alunos, partir de imagens "fotográficas", representadas e imediatamente percebidas pelos alunos, mesmo sem prestar muita atenção aos pormenores, e seguir daí para os pontos específicos que precisem ser destacados, ao invés de partir dos pontos específicos para, com eles, paulatinamente, construir uma imagem, que somente então seria percebida e explicada. A inversão do caminho natural que vai da foto para os pontos, configurada pela expectativa de um percurso que começa nos pontos e vai até a imagem fotográfica, é, em geral, pouco interessante, salvo quando lidamos com especialistas, ou com alunos previamente interessados no tema, o que não constitui a regra geral.

Na exploração de cada centro de interesse, uma estratégia muito fecunda é a via da **problematização**, da formulação e do equacionamento de problemas, da tradução de perguntas formuladas em diferentes contextos em equações a serem resolvidas. Muito além dos problemas estereotipados em que a solução consiste em construir procedimentos para usar os dados e com eles chegar aos pedidos, os problemas constituem, em cada situação concreta, um poderoso exercício da capacidade de inquirir, de perguntar. Problematizar é explicitar perguntas bem formuladas a respeito de determinado tema. E uma vez formuladas as perguntas, para respondê-las é necessário discernir o que é relevante e o que não é relevante no caminho para a resposta. A competência na distinção entre a informação essencial e a supérflua para a obtenção da resposta é absolutamente decisiva e deve ser permanentemente desenvolvida. Convém registrar que, na escola, os alunos costumam ser mais induzidos a darem respostas do que a formularem perguntas. Todas as caricaturas da escola — algumas bem grotescas — resumem a atividade do professor à mera formulação de questões a serem respondidas pelos alunos. O desenvolvimento da inteligência, no entanto, está mais diretamente relacionado à capacidade de fazer as perguntas pertinentes relativamente ao tema, as perguntas que realmente nos interessam, do que a fornecer as respostas certas a perguntas oriundas de interesses que não são nossos, ou que não fomos levados a fazê-los nossos.

Um caso especialmente importante para a criação e a exploração de centros de interesse é o dos problemas que envolvem situações de **otimização** de recursos em diferentes contextos, ou seja, problemas de máximos ou de mínimos. Procurar, em cada problema, não apenas uma solução, mas sim a melhor solução, no sentido de minimizar os custos, ou maximizar os retornos, por exemplo, pode constituir um atrativo a mais, na busca de contextuação dos conteúdos estudados.

Outro aspecto a ser considerado na busca da criação de centros de interesse é o fato de que as fontes principais de interesse não costumam ser os próprios conteúdos disciplinares, mas se encontram, primordialmente, nas **relações interdisciplinares**, ou mesmo nas **temáticas transdisciplinares**. Por exemplo, a água é fundamental para todos os seres vivos, e é estudada em diferentes disciplinas, mas é um tema que certamente ultrapassa os limites disciplinares. Um aluno que assiste a uma palestra sobre a importância da água na natureza, na manutenção da vida, pode sentir-se especialmente motivado para estudar a água disciplinarmente, disciplinadamente, na perspectiva da Química (H_2O, pH, ...), da Física (densidade, calor específico, ...), da Geografia (bacias hidrográficas, usinas hidroelétricas, ...), da Literatura (a presença e o papel dos rios nas obras literárias, ...) etc. Analogamente, um livro que se lê, um filme ou uma peça de teatro a que se assiste costumam deflagrar uma busca por mais informações sobre alguns aspectos da temática apresentada, seja no âmbito da economia, da preservação ambiental, ou mesmo de natureza ética, entre outros. As matérias anunciadas por um jornal ou por uma revista podem despertar mais facilmente o interesse dos alunos do que os conteúdos estritamente disciplinares; uma boa estratégia, então, para a condução dos trabalhos em sala de aula, parece ser partir dos centros de interesse interdisciplinares, ou transdisciplinares, e examiná-los na perspectiva das diversas disciplinas.

Cada disciplina nos ajuda a ver e a ler o mundo de determinado ponto de vista. Como os diversos instrumentos em uma orquestra, cada uma delas nos oferece um som especial, na composição da melodia do conhecimento. E em cada uma das disciplinas, como em cada um dos instrumentos, as diversas partes são arquitetadas tendo em vista a produção do som mais característico, pronto a se integrar com os outros sons, com muita harmonia.

Uma questão muito frequente, no entanto, é a do tempo disponível: a valorização da interdisciplinaridade, tanto a "externa", ou seja, o enriquecimento das relações entre as diversas disciplinas, quanto a "interna", ou seja, o tratamento articulado dos diversos temas no interior de cada disciplina, não exigiria do professor um tempo muito maior do que o usual na preparação e na realização de suas aulas? Seria possível, com os alunos e as circunstâncias reais, de cada escola, encontrar tempo e espaço no currículo para enfrentar tais preocupações? Alguns elementos para uma resposta a tais questões serão alinhavados a seguir.

Ensinar é fazer escolhas: mapas e escalas

Como se registrou inicialmente, um currículo é como um mapa que representa o inesgotável território do conhecimento, recobrindo-o por meio de disciplinas. Cada disciplina, por sua vez, é como um mapa de uma região, sendo elaborado a partir de determinada perspectiva, em decorrência do projeto educacional que se busca realizar. Um mapa não pode ter tudo o que existe no território mapeado: para construí-lo, é fundamental tomar decisões, estabelecendo o que é e o que não é relevante, tendo em vista os objetivos perseguidos, mas, acima de tudo, priorizando o que se julga mais valioso, o que é mais relevante: todo mapa é um mapa de relevâncias. Insistimos em que nada pode ser classificado como relevante ou irrelevante senão em função do projeto que se persegue, que deve ser assumido explicitamente, sem tergiversações.

O tempo dedicado a cada um dos temas a serem ensinados é uma variável a ser continuamente administrada pelo professor. Ele nunca é demais, ou de menos, em termos absolutos: tudo depende das circunstâncias dos alunos, da escola, do professor. É sempre possível ensinar com seriedade e de modo significativo determinado assunto, quer disponhamos de uma aula, de cinco aulas, de vinte aulas, de quarenta aulas etc. As razões para se ensinar um assunto vêm antes, estando associadas ao projeto educacional a que servem. Se existe uma boa razão para fazer-se algo, sempre é possível arquitetar uma maneira de fazê-lo: quem tem um "porquê" arruma um como. O significado de um tema é como uma paisagem a ser apresentada aos alunos; e para cada paisagem é possível escolher uma escala adequada para visualizá-la. Ilustremos tal fato com um exemplo concreto.

Se um aluno do Ensino Médio pergunta ao professor "O que é Cálculo Diferencial e Integral?", motivado pela notícia de maus resultados nessa disciplina obtidos por colegas que entraram na universidade, é fundamental que o professor vislumbre a possibilidade de exploração de tal interesse, em benefício do crescimento intelectual do aluno. Não parecem satisfatórias respostas do tipo "Trata-se de um tema complexo, seriam necessárias muitas aulas para explicar"; é possível escolher uma escala adequada para falar sobre tal tema, mesmo que se disponha de apenas alguns minutos. Pode-se explicar ao aluno sobre crescimento e decrescimento de funções, representadas por gráficos extraídos de revistas ou jornais. E pode-se anunciar que a porta de entrada no terreno do Cálculo Diferencial é o interesse em se analisar não apenas o crescimento ou decrescimento, mas sim a rapidez com que uma grandeza cresce ou decresce em relação a outra: tal rapidez é a taxa de variação da grandeza, que mais tarde será chamada de derivada. No caso do Cálculo Integral, pode-se dizer que ele nasce da intenção de aproximar uma grandeza variável por uma série de valores constantes, ou de tratar uma variável como se fosse uma constante em pequenos intervalos. Por exemplo, para calcular a temperatura média de uma sala, entre 10 h e 12 h, pode-se dividir o período de 2 horas em 12 intervalos de 10 minutos, medir um valor para a temperatura em cada um dos intervalos, supor que tais valores permaneçam constantes, e calcular a média dos 12 valores obtidos; um resultado mais preciso pode ser calculado se, em vez de 12 intervalos de 10 minutos, considerarmos 120 intervalos de 1minuto e procedermos da mesma forma. Certamente, algumas das ideias mais fundamentais do Cálculo encontram-se presentes em tais explicações e poderão despertar ainda mais interesse do aluno. Naturalmente, se ele se dispuser a comparecer semanalmente para uma conversa regular de 1 hora, a escala a ser escolhida para tratamento do tema deverá ser outra.

A escolha de diferentes escalas de aprofundamento para diferentes assuntos é natural e esperada, constituindo a competência máxima do professor, do ponto de vista da didática. Um bom professor não se excede em pormenores que não podem ser compreendidos pelos alunos, nem subestima a capacidade de compreensão destes.

A fecundidade no tratamento de cada tema é, portanto, determinada pela escolha da escala adequada para abordá-lo. A escolha da escala correta certamente está relacionada à maturidade e à competência didática do professor em identificar as possibilidades cognitivas do grupo, bem como o grau de interesse que o tema desperta nos alunos. Somente o professor, em sua escola, respeitando suas circunstâncias e seus projetos, pode ter o discernimento para privilegiar mais um tema do que outro, determinando seus centros de interesse e detendo-se mais em alguns deles, sem eliminar os demais. Tal opção sempre esteve presente como possibilidade na ação do professor; os currículos nunca poderão ir além de uma orientação geral, fundamental no que se refere aos princípios e aos valores envolvidos, mas sempre dependentes da mediação do professor, em suas circunstâncias específicas.

Contudo, é importante observar que até mesmo alguns temas que, à primeira vista, julgamos desprovidos de um interesse maior, podem se constituir em importante pretexto para articular uma fecunda discussão, desde que haja um projeto que mobilize os interesses do grupo. A ideia geral norteadora é a de que os conteúdos são meios para a criação e a exploração de centros de interesse: são como faíscas, lançadas em busca de material inflamável, e não caixas de matérias a serem colocadas nos ombros dos alunos.

Matemática nas séries iniciais: Contar e contar histórias

É fato conhecido que, em quase todas as línguas, o verbo "contar" tem duas acepções convergentes: enumerar e narrar. Em português, "contar uma história" ou "fazer de conta" revelam indícios de tal proximidade. A linguagem matemática é plena de suposições. Uma sentença matemática típica é do tipo "se A, então B", ou seja, supondo que A seja verdade, então B também o será. Em alemão, *zahl, zahlen, erzahlen* significam, respectivamente, *número (na contagem), enumerar, narrar*. Em inglês, *tale, tall, talk* também decorrem do alemão arcaico *tal*, que deu origem a *zahl*. As expressões "Contos de Fadas" ou "Fairy Tales" nos ajudam, pois, a lembrar de uma importante acepção do verbo "contar".

Contar uma história é construir uma narrativa, uma temporalidade que mimetiza de modo fantástico a sucessão dos números naturais. Os alunos adoram uma história bem contada, uma narrativa fabulosa, um enredo sedutor. Mas em todas as faixas etárias gostamos de nos encantar, de soltar a imaginação, de nos maravilhar. Histórias como *Harry Potter*, *O Senhor dos Anéis*, entre tantas outras, seduzem os leitores e atraem a atenção.

A construção do conhecimento em todas as áreas também apresenta aspectos sedutores, dimensões maravilhosas, que exigem narrativas bem arquitetadas para se constituir. Mas as histórias que nos contam na escola, especialmente nas aulas de matemática, são frequentemente desprovidas de encantamento. Mesmo quando os conteúdos servem de suporte para uma apresentação de natureza fabulosa, os professores costumam subestimar a força inspiradora do roteiro, da narrativa, e logo querem nos ensinar a moral da história. As explicações, muitas vezes, antecedem as perguntas: quebram o encantamento, não favorecendo a fruição tácita das relações, o diálogo entre contextos, a transferência de estruturas, a extrapolação das percepções.

Para ilustrar o fato de que as dificuldades com a Matemática na escola básica decorrem essencialmente da falta de encantamento com seus objetos, vamos considerar dois temas comumente apresentados aos alunos desde a educação infantil: os contos de fadas e a Matemática. Enquanto o primeiro deles é pleno de fantasia, de maravilhamento, e quase sempre muito apreciado pelos alunos, o outro é frequentemente apresentado de modo direto, desprovido de encantamento, sendo tratado de modo técnico, quase sempre carente do interesse dos alunos.

A Matemática e os contos de fadas

É interessante comparar os papéis que a Matemática e os contos de fada desempenham na formação das crianças.

De fato, é fácil reconhecer que as situações que a realidade concreta nos apresenta são muito mais difíceis de serem apreendidas do que as que surgem na nitidez simplificadora dos contos de fadas. Nos contextos da realidade, o certo ou o errado, o verdadeiro ou o falso não são tão facilmente identificáveis quanto o são o bem e o mal, o herói e o vilão, a bruxa malvada e a fada madrinha, nas histórias infantis. Tal nitidez, no entanto, é necessária em tais histórias. Na formação inicial das crianças, a assertividade no que se refere ao certo e ao errado é fundamental para a construção e a fixação de um repertório de papéis e de situações que irão orientar as ações das crianças no futuro.

Na Matemática ocorre algo análogo à apresentação do bem e do mal nas histórias infantis: a nitidez das distinções entre o verdadeiro e o falso, ou o certo e o errado, tem uma função formativa semelhante. Tal como precisamos de contos de fadas em que o bem e o mal sejam facilmente discerníveis, também precisamos das simplificações que as abstrações matemáticas representam, com suas distinções nítidas entre o verdadeiro e o falso, que funcionam como referências e elementos norteadores para o enfrentamento das situações mais complexas que a realidade continuamente nos apresenta.

Como se pode depreender, o aspecto que mais aproxima os dois temas é o caráter binário de ambos: a nitidez na distinção entre o certo e o errado, o verdadeiro e o falso. Na vida, as coisas não são tão simples: Em que momento tem início a vida humana? O que caracteriza seu final? Aborto, eutanásia, clonagem — qual a linha divisória entre o bem e o mal em tais questões? Mas não podemos lançar a criança em um mundo de tal complexidade, sem ter construído, anteriormente, um repertório de referências, em que a tomada de decisões seja mais simples. É fácil ficar do lado do mocinho e ser contra o bandido; gostar da fada e odiar a bruxa. As histórias fabulosas divertem e emocionam, mas, sobretudo, fornecem balizas relativas a valores. A integridade pessoal é forjada a partir de tais referenciais éticos primários.

Analogamente, nos problemas que a realidade nos propõe, também não é tão nítida a distinção entre o certo e o errado, o verdadeiro e o falso, quanto o é na Matemática. Ao expressar matematicamente um problema, as respostas são assertivas: há o verdadeiro e há o falso, há o certo e o errado, não há muito espaço para tergiversar. É da própria natureza da Matemática a exigência de tal nitidez: por definição, uma proposição é uma sentença que pode ser associada a um e a somente um dentre dois valores possíveis: V ou F. A verdade em História não tem a nitidez da binariedade matemática. Uma proposição sobre a Revolução Francesa pode resultar em uma grande diversidade de interpretações e valorações. Mas para enfrentar a amplitude de percepções e julgamentos, a simplicidade das verdades matemáticas são as referências que aprendemos na escola.

A vida não é um conto de fadas, as pessoas não podem ser divididas em dois grupos — os heróis e os bandidos —, as questões vitais não podem ser respondidas com um simples V ou F. A grande importância da Matemática e dos contos de fadas não repousa na aplicabilidade prática direta de seus conteúdos e relações. Tais temas, no entanto, constituem uma importante "preparação espiritual" para o enfrentamento da complexidade da vida.

Contos de fadas e Matemática: similaridade estrutural

A aproximação entre a Matemática e os contos de fadas é de natureza estrutural. Além do caráter binário, ou seja, da nitidez das contraposições entre o bem e o mal, em um dos temas, e entre o verdadeiro e o falso, no outro, existem outros macroaspectos que serão examinados a seguir.

"Era uma vez..." é uma expressão típica na abertura de um conto de fadas: como em um passe de mágica, o contexto ficcional se instaura e a história se desenrola. Na Matemática, a linguagem costuma ser mais direta, menos sedutora, mas igualmente instaladora de um contexto a ser desenvolvido: "Seja A um conjunto...". Nos dois casos, a expressão inicial representa um convite ao ingresso em um jogo com regras bem definidas, e bastante similares. As narrativas têm uma unidade lógica com a estrutura de um argumento. Não cabe discutir a verdade das premissas, assumidas juntamente com as regras do jogo; a tarefa é extrair delas todas as consequências lógicas plausíveis. Alguém que diga "Bicho não fala..." está se negando a jogar o jogo; o mesmo ocorre com quem afirma que "A" é uma letra e não um conjunto.

Um importante aspecto de natureza estrutural a aproximar os dois temas é, portanto, o convite ao jogo, com a aceitação de suas regras, tendo como contrapartida um incremento na capacidade de compreensão do que se estuda. Nos dois casos, os contextos são fictícios, e nem por isso são menos efetivos. Quando se elogia, pois, a busca de contextos, ou a contextuação, como recurso para a eficácia do ensino, não se pode deixar de levar em consideração os contextos ficcionais.

Outro aspecto importante na comparação estrutural entre os dois temas é o fato de que, admitidos os contextos ficcionais, em ambos os casos a história contada apresenta uma coerência interna, da qual resultam as consequências lógicas inevitáveis, ou, em sentido ampliado em relação às fábulas tradicionais, uma "moral da história". Para sermos mais precisos, não se trata de uma moral única para todos, mas "morais" diferenciadas, em função do repertório e das circunstâncias dos ouvintes. Naturalmente, a transferência de significações nunca é direta, como nas aplicações práticas; é sempre analógica, estabelecendo-se pontes às vezes insólitas entre contextos diversos.

Um ponto absolutamente decisivo é o fato de que, para lograr efetivamente o encantamento, as "morais" que se esperam das histórias não podem ser explicitadas *a priori*, sob pena de o professor se tornar um chato. Nada é mais ineficaz do que um professor impaciente, que se concentra apenas na moral da história.

Matemática e contos de fadas: caricaturas

A possivelmente insólita — e certamente sedutora — relação entre dois temas aparentemente tão díspares, como a Matemática e os contos de fadas, pode conduzir a um entusiasmo ingênuo, do qual decorrem inúmeras caricaturas.

A construção do significado, em qualquer assunto, sempre se dá por meio de uma narrativa bem arquitetada: um bom professor, e especialmente um bom professor de Matemática, é sempre um bom contador de histórias. Os contos de fadas constituem uma importante fonte de inspiração para a organização das aulas de Matemática, sobretudo pelo modo como os contextos ficcionais são explorados.

Não se trata, portanto, de se recorrer a histórias com a dos *Três porquinhos* para ensinar a contar até 3, nem a da *Branca de Neve* para contar até 7, o que seria tão pertinente quanto apresentar sonetos aos alunos tendo em vista fazê-los contar as linhas dos quartetos ou tercetos, ou ainda, para contar sílabas e conferir a métrica.

Também não é o caso mais caricato ainda de simplificar exageradamente o conteúdo ficcional, quebrando seu encantamento. A interpretação literal de histórias fantásticas torna-se risível. Buscar em livros como *A revolução dos bichos*, de George Orwell, um manual de Zoologia ou de Veterinária é, sem dúvida, sinal de insanidade.

A Matemática e os contos de fadas são terrenos especialmente propícios para a exploração da dinâmica das transações entre a realidade e a ficção. Em ambos os temas, os contextos ficcionais ganham vida própria e podem inspirar uma ultrapassagem das limitações que a realidade cotidiana nos impõe. Se os fictos não são valorizados tanto quanto os fatos, a vida se torna desinteressante, e a ciência conduz ao fatalismo.

Os contos de fadas são naturalmente encantados. A Matemática um dia já o foi, como nos lembram os textos de Malba Tahan e de Monteiro Lobato. Hoje, a concentração das atenções apenas em seus aspectos prático-utilitários contaminou nossa visão e quebrou o seu encanto. **É preciso, pois, reencantar a Matemática, e para tanto, reiteramos o que propusemos de início: a exploração de sua aproximação visceral com a língua materna é fundamental.**

ÍNDICE ONOMÁSTICO

A

ACHINSTEIN 99, 100
ADAMS 32
ALAIN 105
APÉRY 32, 125
AQUINO 83
ARISTÓTELES 41, 82, 84
ARQUIMEDES 158

B

BACHELARD 119, 120
BACON 155, 165, 172
BARKER 42
BASSALO 54
BELL 42, 47, 60, 138
BLACK 96
BOURBAKI 48
BOYER 25, 36
BREDENKAMP 42, 43
BRUNER 141, 143
BUFFON, 73, 74, 77, 78
BUNGE 160

C

CAMPOS 21, 47, 85, 87, 88, 89, 139
CANTOR 68
CAPRA 35, 89

CAUCHY 159
CAVALIERI 158
CELLERIER 64, 65, 67
CHOMSKY 64, 65, 67
CHU 87, 89
CLARET 95, 102, 105
COMTE 25
CONDILLAC 81, 82, 92, 111, 127, 133

D

D'ALEMBERT 159
DECORMIS 133
DESCARTES 29, 33, 34, 36, 70, 82, 111, 144, 158
DIEUDONNÉ 115, 116
DUCROT 19, 90, 165, 167

E

EDDINGTON 47
EINSTEIN 24, 32, 42, 54, 119, 155, 174
EUCLIDES 108, 144, 145, 146, 147
EULER 160

F

FAUSTO 107, 137
FENOLLOSA 88
FERMAT 158

FERREIRO 99, 100
FODOR 69
FOX 75
FREGE 42
FREUD 25, 62, 63, 112

G

GALILEU 102, 158
GARCIA 147
GNEDENKO 74, 75
GÖDEL 39, 40
GOETHE 60, 137, 141
GOODY 84
GRANGER 95, 113, 114, 117, 119, 120
GUSDORF 17, 91, 106, 109

H

HALBWACHS 110
HAYAKAWA 47
HERRLICH 132, 138
HESSE 134, 137
HILBERT 37
HOUNSFIELD 77
HUME 33
HUNTLEY 60, 81
HUSSERL 144
HUXLEY 122

J

JONES 25, 63
JUNG 60, 65, 81, 82

K

KANT 82, 85, 144
KATO 110
KEPLER 158
KNEEBONE 48
KORZYBSKI 32, 47, 88, 141

KRONECKER 42
KUES 43

L

LACAN 104, 112, 128, 129, 130, 176
LADRIÈRE 95, 115, 124, 125
LANDA 155, 156
LAPLACE 75
LAZZARINI 75
LECLERC 73
LEIBNIZ 35, 36, 82, 92, 111, 112, 130, 158, 159, 160, 165
LEWIN 104, 149
LIE 149
LIMA 109
LIONNAIS 70, 76
LOBACHEVSKY 25
LUÍS XV 73

M

MACHADO 29, 121, 125
MANNO 36
MARTINET 96, 97, 98, 99, 106, 112, 113, 115, 116
MARX 25
MCLUHAN 109
MEFISTÓFELES 137
MILLER 17, 105, 112, 113, 128, 129, 130
MOLES 38, 39
MONOD 69
MONTEIRO 24, 204
MORGAN 87
MORRIS 106, 113, 170

N

NAGEL 40
NEEDHAM 143, 150
NEURATH 130
NEWTON 35, 36, 42, 139, 146, 155, 156, 158, 160, 165, 188

P

PAGLIARO 59, 105
PASSMORE 22, 70
PEIRCE 24, 117
PESSOA 66, 139
PETITOT 28, 158, 159
PIAGET 65, 66, 67, 68, 69, 147, 177
PIATELLI-PALMARINI 64, 65, 66, 67, 68, 69
PITÁGORAS 108, 188
PLATÃO 41, 82, 106, 126, 144, 154
POE 155
POINCARÉ 47, 60, 125, 128, 130, 131
POUND 137, 139

Q

QUINTANA 25, 70

R

RADOM 77
RICOEUR 128, 139
ROBINSON 160
RÓNAI 92, 133, 134
RUSSELL 32, 36, 42
RUTHERFORD 126
RYLE 112

S

SANTALÓ 73, 75, 77

SANTAYANA 88
SAUSSURE 97, 100, 105, 106, 107, 110, 113, 125, 128
SCHEFFLER 31, 32
SEESAW 155, 165
SHAKESPEARE 88, 188
SKINNER 82
SMITH 75
SNYDERS 148
SOURY 27
SPINOZA 146

T

TAHAN 32, 204
TALES 108, 199
THOM 27, 126, 127, 138, 143, 146, 148, 149
TUNG-SUN 85, 88

V

VAN-HIELE 9, 56, 57, 58
VYGOTSKY 24, 46

W

WASON 50, 51, 52
WEIERSTRASS 138, 159
WHEELER 143, 154
WHITEHEAD 24, 36, 47, 48, 141
WITTGENSTEIN 88, 112
WOLF 75